Green Life Book 2
綠と雜貨で輝く暮らし♥3

0~6歲嬰幼兒
營養副食品和主食

130道食譜和150個育兒手札、貼心叮嚀

暢銷食譜作者
王安琪 著

朱雀文化

序／用愛烹調的嬰幼兒料理

距離我的上一本《寶寶最愛吃的營養副食品》已經有好幾年了，這段期間認識了好多可愛的媽媽，彼此交換養育子女的心得，讓我覺得身為現代的孩子真是幸福！

家中兩個年幼的兒子決定一起進入幼稚園，身為媽媽的我看著兒子們融入幼稚園的小社群裡，眼光突然間模糊，原來我眼中的小小孩，已經有十足的勇氣要踏進他的小小社會了。隨著他們進入幼稚園，我也終於重新擁有私人時間，繼續經營這塊我最愛的食譜寫作工作。

許多可愛的媽媽告訴我，他們都是看著我上一本《寶寶最愛吃的營養副食品》來學習製作副食品給家裡的寶貝吃，我聽了真的很感動。正因為這些媽媽讀者們的支持和鼓勵，讓我有勇氣再繼續進行這一本書，並且將寶貝的年齡擴展到6歲。

這本書介紹的料理、點心和飲品，都是我平時在家製作給孩子吃的料理，同時也提供了我平常研究的營養學基礎概念。書中的料理，包含1歲以內寶寶適合的副食品，以及1歲以上幼兒的營養早餐、多樣化的主菜和主食、下課後點心和飲料。此外，我還特別設計了10道適合校外教學的便當菜。因為當寶貝進入幼稚園以後，最期待的就是校外教學了，如果可以替他們準備好看又好吃的便當，那有多興奮啊！

我也介紹了數種適合小孩子品嘗的市售零食，給忙碌的爸媽充分的選擇空間，希望爸媽可以替孩子把關，從小就灌輸他們正確的飲食觀念，別被市售琳琅滿目的包裝食品給誘惑。

要提醒讀者的是，書中每一道料理都有加上建議食用的月齡，這個部分讀者需自行斟酌。每一家的小小孩生長發育的速度不

同，所以在準備嘗試新的食物時，要先衡量狀況後再進行。如果在餵養小孩的過程中對書中的提議有任何疑慮，也歡迎讀者來信詢問、討論。雖然我不是專家，但我很願意分享多年來育兒和烹調料理的心得，希望多少能幫上手足無措的新手爸媽的忙。

雖然這本書介紹了不少餐點提供讀者參考，但我認為「營養」不只是餐桌上的可口佳餚，重要的是爸媽能給與的「愛與關懷」。父母的愛是一塊可以深埋在心底的發酵麵糰，每天注入關懷的養份，可以讓這個麵糰發得又漂亮又美好，並且等孩子漸漸長大，他會願意將一部分麵糰分給別人，延續這塊用愛與關懷滋養的老麵，讓身旁的人也感受溫暖。

這本書的完成首先要感謝朱雀文化的總編輯少閒，他的肯定讓我倍感溫馨，也要感謝文怡、阿和和好友文鐔，以及在撰寫過程中提供營養學觀念的二姐靜芬，當然最要感謝的是我寶貝的家人、親愛的老公，他們總是努力的把飯菜吃光光，讓我每天都心甘情願的為你們烹調三餐，謝謝你們。

認識王安琪老師

從1990年開始食譜創作，目前已出版《寶寶最愛吃的營養副食品》、《不失敗西點教室經典珍藏版》、《烤箱新手的第一本書》、《生男生女大補帖》等三十多本食譜，也常在報章雜誌和網路媒體發表食譜文章。目前除了擔任台灣象印台北天母教室的廚藝老師，更不定期在全省各大百貨公司擔任料理講師。喜歡研究好吃的料理和烘焙，並且開發有益身體健康的點心和菜色。關於本書中任何食譜上的疑問，歡迎來信jack28.chang@msa.hinet.net討論。

目錄 [Contents]

解決幼兒生活飲食上的小狀況

Part 1 守護寶寶健康的副食品

4

解決幼兒生活飲食上
的小狀況

本書中的食譜，是以6個月至6足歲（學齡前期兒童）的料理為主。
這個時期的孩童，可以說是除了嬰兒期外，成長發育最重要的黃金時
期。每位爸媽都希望自己的孩子身體健康、頭腦發育完善，從小奠定
好體力和腦力的根基。因此，飲食更是忽視不得。在開始烹調嬰幼兒
飲食前，必須先瞭解一些基礎的營養概念和分析，其他關於嬰幼兒生
活、飲食上的疑難雜症，則是我的育兒經驗分享，希望能給新手爸媽
們育兒上做參考。

成長中的兒童需要哪些營養？
外食這麼方便，為什麼還要自己煮？
讓小孩胃口大開的好方法
選購配方奶的4大注意事項
小孩生病時該怎麼吃？
小孩不愛吃水果怎麼辦？
煮好吃米飯的秘訣
省時省力的共煮方式
製作幼兒副食品的好幫手

成長中的兒童需要哪些營養？

學齡前期是繼嬰兒期之後生長發育第二旺盛的時期，也是骨骼、牙齒、肌肉和血液的快速生長期，同時在這個階段也開始接觸成人飲食。很多父母抱怨，為什麼這個階段寶貝的體重和身高的發展好像變慢了？根據數據顯示，若剛出生的嬰兒體重是3公斤，在4~6個月時的體重應該增加為2倍，12個月時應增加為3倍，10~11歲時可達10倍。你家的小孩是否符合標準呢？而1歲以上寶寶的軀幹和四肢正在發展，包括骨質密度的增加和骨頭的增長，所以不同於嬰兒時期的長肉階段。加上腦部的發育也需要大量營養素，因此營養更不可缺，哪些是需要注意的呢？

4大營養觀念很重要

不需急著斷奶

我會建議1歲以上的幼兒不需要急著斷奶，因為配方奶中的營養素完整且均衡，可以在這個青黃不接的轉型期補充副食品攝取不足的養份，但是爸媽可視情況調整配方奶的品牌或品項。此外，不要給太多的市售包裝食品，包括蛋糕、餅乾和油炸類的食物，以免寶寶在不知不覺中習慣重口味，開始有挑食的情形發生。

適時補充各種礦物質、維生素

成長中的兒童需要大量的鈣、磷、鐵來幫助建造骨骼和血液細胞，也需要脂溶性維生素A、D、E、K來建構視網膜、皮膚、指甲、血管和細胞的抗氧化能力，同時更需要維生素B群來促進神經系統的健康，並仰賴維生素C來增強免疫系統的能力。

遠離市售食品、速食

常吃市售糖果、點心和速食導致長期營養的偏頗，可能會造成幼童身體的負擔、營養缺乏，或是成長發育的障礙，包括：注意力不集中、學習發展障礙、情緒不穩定或過動等等，甚至會埋下無法預測的健康危機。成人的飲食也許已是經年累月的養成，但做父母的總是希望孩子比自己更好，因此，必須痛下決心改變飲食習慣，讓家中的冰箱或餐桌呈現出最自然的飲食風貌，捨棄不健康的食品，以身作則，才能照顧到幼兒身、心、靈的均衡。

1～6歲幼兒每日飲食建議表

食物類別	食品名稱	1～6歲幼兒的建議份量
肉類 豆類	魚（1/3份） 肉（1/3份） （家禽、家畜、魚類是1兩，大概37.5克，煮熟後重約30克/份） 豆（1/3份）黃豆和黃豆製品、毛豆 （豆腐1塊100克/份） （豆漿1杯240c.c./份）	1～2份
蛋	蛋1個（55克/份）	1份
奶類	牛奶和乳製品（240c.c./份）	2～3份
蔬菜	黃綠色葉菜和其他種類蔬菜，包括豆芽菜、四季豆、青椒、甜椒、蕃茄、瓜類（100克/份）	2/3份
水果類	季節水果（300克/份）	1份
五穀根莖（主食）類	米、麥、馬鈴薯、玉米、番薯（200克/碗）	1～2份（1/2碗）
油脂類	花生、堅果、液態油脂（1大匙＝15克）	1～2份（低於1大匙）

資料來源：行政院衛生署

參考每日飲食建議表

通常1歲以上的幼兒在副食品之外，如果有補充配方奶和水果，營養素應該不虞匱乏。除非幼兒的成長有明顯遲緩，且經過專業醫師的診斷確定，才會需要額外補充營養素。而營養素和飲食一樣都強調「均衡攝取」，長期補充單一品項的維生素不一定是對的。爸媽不妨檢視家庭的飲食習慣，看看是否需要調整魚、肉、豆、蛋、奶、蔬菜水果、五穀根莖和油脂類的比例，透過「1～6歲幼兒每日飲食建議表」，找出寶寶營養失衡的原因。

對1～6歲的幼兒而言，因每個人體質不同，發展情況各異，身高體重差異大。當你不知道如何安排幼兒的飲食內容時，可參考這個表格做食物分配，並依個人做實際份量的修正。同時，透過它也能瞭解家中的幼兒是否攝取過多不營養的食物，像是油炸的零食、糖果、鮮奶油蛋糕、高糖、高鹽、高熱量卻又低營養價值的食品。

外食這麼方便，為什麼還要自己煮？

對於忙碌的爸媽來說，外食不僅很方便，而且菜色更是色香味俱全。不過，你有沒有想過，路邊、餐廳的每一樣食物都適合自己家中的寶貝嗎？哪些適合幼兒？像水餃、小米粥、四神湯、清蒸蝦仁肉圓、小籠湯包、蒸餃、燒賣等，以「水煮」或「清蒸」烹調的食物，含有豐富蛋白質和適量的澱粉，可以增長幼兒的肌肉和體力，而且不經油炸，可以確保沒有氫化油和反式脂肪的疑慮，較能放心食用。

此外，每家店使用的材料、準備的過程，以及製作時的衛生標準幾乎無法可管，讓人很憂心。另外，像是塑膠袋、紙盒等包裝材料的耐熱度，也都讓人擔心。因此，我很鼓勵在家烹調，只要利用星期六、日兩天的採買和分裝，就可以確保一週五天晚餐的菜色無虞，上班族爸媽也能做到。我習慣在假日先買好食材，p.13中的採買、處理食材秘訣，都是我的經驗，分享給讀者們參考！

採買、處理食材的7個秘訣

擅用電子鍋煮飯

米飯可以在早上出門前清洗完畢，倒入電子鍋的內鍋並加入足量的水，利用預煮功能設定煮好的時間。夏天因為室溫高，必須將內鍋放置在冰箱，若不喜歡讓米粒浸泡過久，可以將米粒洗淨瀝乾後放入內鍋，等下班回家再添加水即可，選擇快煮功能鍵，以縮短煮飯時間。

購買冷凍食品時注意！

若想要購買冷凍食品，別忘了仔細看營養份析、製作日期和保存期限，確保不含反式脂肪、防腐劑或過多的添加物，最好在購買後一週內食用完畢。

一次做足份量

燉煮類的餐點可以利用假日製作一個禮拜的份量，但是每餐只舀出該餐的用量進行加熱，可以避免食物反覆加熱而流失風味和營養素。

絞肉分成數小包

絞肉類可以壓扁且分成小包裝，有利縮短退冰時間；利用冷藏室退冰，可幫助肉類保持鮮嫩度，切勿沖水退冰而讓肉質的鮮甜盡失。

購買肉類時要注意！

烹調時需特別注意一旦加熱後的肉出現漂亮的粉紅色澤，很可能是店家在肉內摻入「亞硝酸鹽」，也就是保色劑。雖然政府的法令中規定它是合格添加物，但是市場上零售的商品多半都沒有經過衛生單位檢測，也沒有將使用量印製在包裝上，所以消費者購買前要三思。

肉要一片片攤開

培根或肉片冷凍前記得要一片片攤開，利用保鮮膜隔開以避免肉與肉重疊，這樣可以方便取出單片，並縮短退冰時間。

蔬菜清洗很重要

青菜盡量在下鍋前才清洗切片，以免營養素流失。根莖類蔬菜可以用報紙包裹，存放冰箱保鮮室，但是葉菜類則建議至少兩、三天採購一次，以免冰久了枯萎，失去養份。（圖❶、❷）

讓小孩胃口大開的好方法

好好吃飯的 6個小撇步

飯前切忌吃零食

飯前千萬不要給幼兒們吃甜食，因為甜食會讓人有飽足感，誤以為飢餓的肚子已經飽了。也不要讓他們吃和米飯同類型的主食，例如包子、饅頭、麵包或牛奶。如果正餐時間已到還不想吃飯也沒關係，讓他慢一點再吃，千萬不要過於勉強而造成不愉快的用餐經驗。

幫幼兒準備專屬的餐具碗盤、圍兜兜

替寶寶準備碗盤和圍兜兜。讓寶寶自己張羅專屬碗盤，給他一個座位，讓他有用餐的感覺。我曾經教孩子們在飯前要合掌說「Bon Appetit」（法語中祝胃口大開的意思）和「伊嗒嗒奇嗎斯」（日語我要開動了的意思），這是希望孩子們懂得感恩每一餐飯得來不易。記得用完餐後讓孩子們自己把碗筷收拾好，也要訓練他們說：「謝謝，我吃飽了！」

觀察孩子用餐的狀況，適時給與讚美

當孩子認得餐盤內的食物名稱，或是將食物吃光，應該適時給與讚美，讓他們感到開心。可以豎起大拇指、拍拍手或是摸摸頭，誇獎孩子長大了即可，千萬不可「用獎品（金）當作獎勵」，以免誤導孩子的人格發展。

很多爸媽都會擔心孩子吃不飽、長不大，或者只是習慣性準備了零食、點心在家裡放著，但是當孩子吃了太多點心，餵飽了他的胃以後，正餐時刻來臨，他們卻再也吃不下了。仔細審視零食的內容後發現，正餐以外的零食點心幾乎都是只有熱量、沒有營養的垃圾食物，長久下來恐怕會影響孩子的正常發育。

鼓勵幼兒參與做飯

給孩子一個幫忙的機會，千萬別把他們趕出廚房，可以讓他們把剩餘的食材放入冰箱、幫忙拿抹布、丟垃圾等等。若真的找不到能讓他們協助的事，不妨教孩子說說英語、台語，告訴他什麼是TOMATO（蕃茄）、POTATO（馬鈴薯）吧！

飯前運動、飯後散步

飯前的運動有助於消耗熱量，讓孩子很快就感到飢餓，但這時若立刻給他們點心食用，反而會破壞正餐的食慾。所以，當孩子們玩得又餓又累時，頂多給開水止渴，要他們忍住飢餓，等回家以後再用餐。飯後的散步則可幫助消化，帶孩子遠離電視、電腦，散步回來後可以安排孩子洗澡、睡前閱讀、整理玩具，讓他們知道就寢時間已到，有更規律的生活作息。

避免拿市售的包裝食品和飲料當作獎品

市售的包裝食品最喜歡用孩子最愛的圖案當作誘餌，其實仔細分析食品的營養成份，一點好處也沒有。我會讓孩子選擇牛奶、豆漿、米漿、優酪乳等飲料，或是優格、布丁等食品，而過度重調味的零嘴，以及充滿糖、添加劑的飲料，絕對不能讓孩子們嘗試。同時，也不要讓孩子覺得上速食店是一種獎勵，以免孩子從小就以為吃漢堡炸雞配可樂是一種美食享受。

選購配方奶要注意！

你是否也和我一樣，選購奶粉時常常迷失在贈品的陷阱中？或是被銷售人員的促銷說詞耍得團團轉？到底是荷包划算，還是營養成份比較重要呢？除了配方奶以外，市面上琳琅滿目的兒童綜合維他命、營養補充品，又該如何選擇才好？以下幾個重點，建議在購買這些食品時要特別注意，藉由謹慎的態度，才能真正為孩子的健康把關。

選購配方奶 4大注意事項

乳品的來源是否天然

確實閱讀包裝上的文字，找出瓶罐上是否印有原廠包裝後來台銷售的字樣，或是廠商是否清楚標示添加的成份來源，例如奶粉的來源是紐西蘭，而益菌的來源是中國大陸。有些品牌甚至完全不交代其乳品來源與添加物來源，而且不乏是連鎖藥局銷售的知名品牌，購買時要謹慎。

是否提供免費諮詢專線

通常奶粉廠商會成立「免付費諮詢專線」，提供消費者來電諮詢。若有任何使用上的疑慮，都可以透過電話獲得立即解答。這種諮詢專線就像廠商的第一道大門，接線人員的專業形象和應對，可以讓消費者感受這家廠商是否值得信賴。

注意製造日期以及保存期限

選擇新鮮的產品對寶寶最有利，製造日期和保存期限也是重要的選購關鍵。如果賣場推出買整箱的特惠價，這時就要特別注意商品是否即將到期。

營養成份是否足夠

所謂「營養」，就是指奶粉中的蛋白質含量。
因蛋白質是細胞原生質的基本成份，嬰兒時期
快速發展的骨骼和肌肉需要蛋白質，使其正常
發育。母乳中的蛋白質含量較配方奶少，但是
母乳的蛋白質生物價較高，也就是嬰兒對母乳
中的蛋白質吸收利用率最高，足以滿足6個月
以內嬰兒成長所需。

雖然蛋白質含量多寡可以從包裝上做比較，但
是每個嬰幼兒每日攝取的奶量和身體對營養的
吸收率都不同，父母應該從孩子的身、心、靈
三方面來綜合觀察。即使孩子的外觀比同年齡
的小孩瘦小，但是整體反應和身體肌肉的發展
卻無異常，這樣就不需要過度緊張。有些家長
為了求孩子的身高體重跑在前頭，一直更換配
方奶的品牌，或是額外添加營養品，有時反而
會導致嬰幼兒身體無法適應，而頻頻出現腹瀉
或不安的情緒反應。

嬰兒麥粉

曾有廠商為了提高奶粉的蛋白質含量，違法添
加三聚氰胺，造成嬰兒因此喪命。因奶粉以蛋
白質高低為品級分類，而檢測蛋白質高低主要
是測總氮量，廠商為了省錢，放入富含氮的三
聚氰胺，就可減少含蛋白質的原料、降低成
本，卻可以在檢測中呈現高蛋白質含量的數
值。所以建議選購配方奶時，除了以品牌、價
格為考量，最好還是選購有國家認證的合格品
牌較有保障。

兒童魚肝油

小孩生病時該怎麼吃？

通常小孩罹患腸胃道疾病時，為了讓腸胃休息，醫生都會建議要空腹，或是只能喝流質的運動飲料。平時我禁止家中的小朋友喝運動飲料，只有在醫生指明可以攝取適量的運動飲料來補充體內電解質的平衡時，才有可能喝稀釋後的運動飲料。但運動飲料畢竟只是避免身體在劇烈的運動、嘔吐或腹瀉後產生脫水現象，並沒有足夠的養份，因此當小孩的情況稍有好轉，應該及時給與營養的流質食物，例如：水波蛋、海鮮粥、豬肝粥、清燉牛肉湯、大骨湯、胡蘿蔔糙米粥等，以補充蛋白質，給身體足夠的體力。

若孩子罹患的是手口足症（腸病毒），因水泡長在口腔內，食物實在難以下嚥，這時可以準備雞蛋布丁、柴魚高湯蒸蛋、瘦肉廣東粥、果凍、豆花等容易入口的軟滑料理，幾乎不需要咀嚼，營養成份也不打折扣。

小孩不愛吃水果怎麼辦？

中秋節前後是文旦盛產的季節，女兒愛吃文旦，卻覺得它的吃法太麻煩。不只是文旦，像是西瓜、奇異果、木瓜、火龍果和柳丁，我都會故意帶皮切，讓他們用湯匙挖或是動手剝掉果皮後食用。我從切水果開始改變，當孩子以不方便吃為藉口時，趁機告訴他們這是品嘗水果的樂趣之一。吃水果時全家人圍坐在一起，有吃有聊，這種愉快的氣氛還有助消化喔！

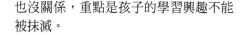

有好幾次，小兒子都主動要求我教他削皮、切水果，讓我很高興。因為孩子主動提出學習的興趣，比起被動的要求會學習得更好。剛開始我會握著他的小手，慢慢才放手讓他試試看，就算做得不好

也沒關係，重點是孩子的學習興趣不能被抹滅。

我發現孩子並非完全不吃水果，而是會挑選一、兩種合他胃口的水果。其實孩子只要有願意吃的水果就值得鼓勵，爸媽不需太過要求他們一定要吃某些水果，只要慢慢給他時間去接納各種水果。也不要在他人面前指責小孩子，指責他挑食、不吃水果等等，以免孩子反叛的情緒升起，更故意不吃水果。當然，也可以打新鮮的蔬果汁給小孩喝，像木瓜牛奶汁、酪梨汁、柳橙汁和葡萄柚汁等，都是兼具營養美味和易操作的果汁。

要鼓勵小孩子吃水果，從孩子接觸副食品開始，要每天不間斷給與新鮮、當季的水果，同時減少市售零食、糖果、餅乾出現在家中的頻率。香蕉和蘋果永遠是容易購買的好水果，尤其香蕉的香氣、平價、方便食用和營養價值，我強力推薦家中有嬰幼兒的家庭，應該隨時備有香蕉。

煮好吃米飯的秘訣

想要煮一頓讓孩子和家人每天期待的好吃米飯，該怎麼做呢？以下這些小技巧，是我從烹飪經驗中歸納出來的小秘訣，希望可以幫助讀者煮飯的功力更上一層樓，讓孩子更喜歡吃飯，成長發育更順利。

白飯更美味的3個方法

煮飯器的選擇

電鍋、電子鍋是最普遍的煮飯用家電產品，但是你有多久沒有更換這項產品了呢？大部分人家裡的電鍋、電子鍋的鍋齡都超過10年，而電子鍋的內鍋也可能早已體無完膚，即使有刮痕和掉漆，也還是捨不得更換。其實電子鍋的功能日新月異，為了符合現代人追求養生和口感的差異，按鍵功能包羅萬象，甚至一台電子鍋就能搞定煮飯（粥）、燉菜、滷肉、清蒸、蛋糕和烘烤麵包等料理。所以，若真的捨不得更換整組機器，至少要更換內鍋，而且機器內外部一定要勤於擦拭。

電子鍋

洋菜

使用乾淨且富含礦物質的水

乾淨的水也是煮出好吃米飯的重要關鍵，選擇合適的過濾器淨化家中的水質，讓喝水、用水都能獲得保障。很多小朋友不喜歡喝水的原因，是「水不好喝啊！」那爸媽不妨試試濾水器，讓家中的水變好喝，使全家人都愛上喝好水。

在米飯內添加洋菜

洋菜是便宜且容易取得的食材，主要用作凝固劑，可以用來製作果凍，但為什麼要在煮飯時添加洋菜呢？由於洋菜含有豐富的纖維、極低的熱量，添加在米飯裡完全沒有奇怪的味道，也不會影響口感，更棒的是煮好的米飯外觀晶瑩剔透、飽滿紮實。操作時，先將乾的洋菜清洗一遍，再浸泡清水使其軟化，然後取出瀝乾水份再切成細碎狀。平時以冷開水浸泡，放置在冰箱裡保存，每次煮飯時，將擠乾水份的洋菜加入和白米一起煮，份量大約是1大匙洋菜配1杯白米。

省時省力的共煮方式

有些人認為增加孩童飲食的製作，勢必耗在烹調的時間會更多。那我要分享以下2個方法，可以同時完成大人和幼兒餐點的好方法，只要利用電鍋和電子鍋的功能，可以省下不少烹飪時間。

利用電鍋

擅長利用電鍋快速蒸煮的功能，製作小份量的粥品、湯、蒸蛋。也可以使用蒸架，把上下兩層食物分隔開來，這樣一次就可以製作兩種食物。電鍋也是熱菜的好幫手，通常外鍋倒入1杯水，就可以進行大約20分鐘的加熱時間，外鍋的水蒸發完畢後會自動切斷電源，不僅安全無虞，更不需時時守在電鍋旁，其他事都不能做。

利用電子鍋

選擇有附蒸架的電子鍋，可以在煮飯的同時，也一起製作副食品。電子鍋的好處是可以設定煮飯完成的時間，同時也可以有多種功能選擇鍵，能把糙米煮得香軟好吃。

製作幼兒副食品的好幫手

常見的嬰幼兒副食品，大多是果汁、米糊、粥等，製作的重點在於將食材磨、壓成細泥、細碎，以利咀嚼功能尚不完整的嬰幼兒食用。以下這幾種小器具，是能幫你迅速做好副食品的好幫手！

食物調理機

又叫手提攪拌機，可以迅速將食材切碎、打成泥。製作寶寶專用的粥品時，也可以直接把煮好的米飯和高湯放入攪拌，就可以省下單獨煮粥的手續。

果汁機

當寶寶還不習慣咀嚼有顆粒感的水果時，利用果汁機將水果打成果汁，是一個最方便的方法。

壓泥器、刮泥板、刮泥碗組

寶寶開始接觸副食品時，需要利用壓泥器或刮泥板的幫助，將較硬的食物磨成泥或壓碎。這樣可以控制食用量，並且完成的副食品不需要再打成泥，即可以給寶寶食用。

Part 1

守護寶寶健康的副食品

寶寶努力吸吮著母奶或牛奶一天天長大，到4個月時，飲食進入下一個
階段，可以食用奶類以外的食品了，湯、粥、米糊、果汁都是最佳選
擇。從親手製作高湯，到煮粥、米糊、打果汁，都能讓寶寶從食物中吸
收到更多養份。在這個單元裡，針對有些寶寶的胃口差、無食慾、便
秘、皮膚過敏、呼吸道過敏等狀況，我特別設計了幾道適合的食品和飲
品，讓新手媽媽們不再手足無措。

杏仁汁

呼吸道過敏的寶寶喝這個！

適合年齡：6個月以上
份量：1人份

材料
杏仁粉2大匙、溫開水75c.c.

做法
1. 將杏仁粉加入溫開水中拌勻。
2. 透過濾茶袋濾出杏仁汁即可。

媽咪育兒手札
這裡使用美國杏仁或南杏均可，也可以兩種粉類各半。烹調料理的劑量湯匙中，1大匙是15c.c.，75c.c.約是5大匙。

蓮藕汁

呼吸道過敏的寶寶喝這個！

適合年齡：6個月以上
份量：1人份

材料
新鮮蓮藕1節、清水1,000c.c.

做法
1. 蓮藕洗淨後去皮，切片放入鍋中，倒入清水。
2. 蓋上鍋蓋，先以大火煮沸，再轉中小火續煮約30分鐘，煮至湯汁濃縮至500c.c.，關火。
   待降溫後即可飲用。

媽咪育兒手札
蓮藕富含澱粉、鈣、氨基酸、維他命 B12 和維他命 C，有潤肺止咳、寧神、化痰的功效，同時能促進消化，使排便順暢。

胡蘿蔔牛奶

呼吸道過敏的寶寶喝這個！

適合年齡：6個月以上
份量：1人份

材料
胡蘿蔔40克、配方奶或鮮奶100c.c.

做法
1. 胡蘿蔔洗淨，放入滾水中煮熟，撈起。
2. 將配方奶倒入果汁機中，加入胡蘿蔔攪打均勻即可。

媽咪育兒手札
胡蘿蔔含有維生素A的前驅物質——beta胡蘿蔔素，是屬於脂溶性維生素，需要與含油脂類食物併用效果才好。而牛奶中含有乳脂肪，所以兩者搭配可以讓吸收率加倍。

綠豆薏仁汁

皮膚過敏的寶寶喝這個！

適合年齡：6個月以上
份量：1人份

材料
綠豆30克、薏仁30克、清水300c.c.

做法
1. 將綠豆和薏仁洗淨瀝乾。鍋內倒入清水後放入綠豆和薏仁。
2. 先以大火煮沸，再轉小火半掩鍋蓋續煮約30分鐘，關火。
3. 待降溫後濾出湯汁即可。

媽咪育兒手札
綠豆含有菸鹼酸，是維生素B群的一種，可以幫助皮膚細胞健康正常，預防脫皮和皮膚粗糙。薏仁屬於穀麥類食物的一種，這道飲品的食材無論大小薏仁、紅白薏仁均可。

海帶黃豆排骨湯

呼吸道過敏的寶寶吃這個！

適合年齡：6個月以上
份量：1人份

材料

豬肋排100克、黃豆50克、海帶結75克、清水1,000c.c.

做法

1. 將所有材料洗淨後放入鍋中，倒入清水。
2. 以大火煮沸，再轉小火半掩鍋蓋續煮約1小時，關火。
3. 取出煮好的湯汁即可。

媽咪育兒手札

黃豆含有豐富的蛋白質、脂肪、鈣、磷、鐵，對孩童的生長發育和參與腦細胞神經的正常活動相當重要。

 營養 *Memo*

海帶

海帶含有豐富的葉綠素、纖維以及微量礦物質，可補血、止咳化痰。因海帶不易煮爛，需花較長時間煮，方便幼兒食用。另一點需注意的是海帶本身已含鈉，應避免再加鹽調味。

南瓜糙米粥

呼吸道過敏的寶寶吃這個！

適合年齡：6個月以上
份量：1人份

材料

糙米60克、南瓜100克、清水500c.c.

做法

1. 糙米洗淨後瀝乾，南瓜去皮去籽後切小塊。將糙米、南瓜放入鍋中。
2. 將清水倒入鍋內，先用大火煮沸，再轉小火半掩鍋蓋續煮約30分鐘，關火。
3. 待粥降溫，倒入果汁機打成泥即可。

 媽咪育兒手札

糙米屬於全營養食物，含有白米所沒有的維生素B群、多種礦物質和纖維，可替代白飯當作主食。

 營養Memo

南瓜

南瓜含有豐富的胡蘿蔔素、纖維、維生素C和礦物質鋅、鉀，並具有潤肺止咳的作用，不過，最特別的是它所含的組氨酸。組氨酸是組織胺酸的前驅物，有利於生長、發炎時的修護組織。一般成年人可以自行合成，但嬰兒無法生產足夠的量，吃南瓜則有幫助。

材料

乾的白木耳15克、低糖豆漿200c.c.

做法

1. 白木耳洗淨後泡水至軟化，放入滾水中汆燙，撈起切碎。
2. 將豆漿、白木耳放入鍋內，先以小火煮沸，再續煮3分鐘，關火。
3. 待煮好的豆漿、白木耳降溫，全部倒入果汁機內打勻，也可以透過細目濾網將白木耳豆漿瀝出即可。

媽咪育兒手札

白木耳可提供六種人體必需的氨基酸，再加上豆漿的營養，兩者併用可以充分吸收到植物性蛋白質。白木耳的膠質除了有滋補作用，還有軟便功效，有利排便。

白木耳豆漿

容易便秘的寶寶喝這個！

適合年齡：6個月以上
份量：1人份

材料

糙米50克、黃豆50克、清水500c.c.

做法

1. 將所有的材料洗淨，瀝乾後倒入鍋中，內倒入清水。
2. 以大火煮沸，再轉小火半掩鍋蓋續煮30分鐘。
3. 待降溫，濾出湯汁即可。

媽咪育兒手札

穀類和豆類食物併食，兩者可以達到氨基酸協調互補的作用。糙米所含的維生素E，則可以活化寶寶的腦細胞和皮膚組織。

黃豆糙米汁

皮膚過敏的寶寶喝這個！

適合年齡：6個月以上
份量：1人份

材料

糙米或胚芽米50克、嫩的瘦肉絲40克、海帶芽1小匙、雞蛋1顆、清水500c.c.

做法

1. 糙米洗淨瀝乾,和清水倒入鍋中。先以大火煮沸,再轉小火半掩鍋蓋續煮約15分鐘。
2. 肉絲切碎,與海帶芽放入粥內煮熟。
3. 雞蛋打散,粥煮沸騰時倒入,關火蓋上鍋蓋,待粥降溫後即可。

媽咪育兒手札

1. 紫菜和海帶這類海洋蔬菜,含有豐富的維生素A、纖維,可以強化寶寶的免疫力。它所含的氨基酸也可以修復表皮受損的細胞,讓寶寶的肌膚更平滑。
2. 把肉剪得細碎後再給寶寶吃!

材料

菠菜40克、糙米或胚芽米50克、清水500c.c.

做法

1. 菠菜只取葉菜的部分,切碎放入鍋中。
2. 糙米洗淨瀝乾,和清水一起倒入鍋中。先以大火煮沸,再轉小火半掩鍋蓋續煮約15分鐘,關火。
3. 待粥降溫,放入果汁機打成泥即可。

媽咪育兒手札

菠菜、莧菜、芥藍、豆苗等葉嫩的綠葉蔬菜,都很適合用來製作嬰幼兒食品。綠葉蔬菜含有豐富的鈣和纖維,幼兒只需適量攝取,就能獲得成長發育所需的營養。

海帶芽雞蛋瘦肉粥

皮膚過敏的寶寶吃這個!

菠菜粥

皮膚過敏的寶寶吃這個!

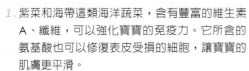

適合年齡:10個月以上
份量:1人份

適合年齡:6個月以上
份量:1人份

香蕉豆漿

容易便秘的寶寶喝這個！

材料

香蕉50克、低糖豆漿150c.c.

做法

1. 香蕉去皮切小塊。
2. 將豆漿倒入果汁機，放入香蕉攪打均勻即可。

媽咪育兒手札

香蕉含有天然寡糖，可以幫助寶寶腸道內益生菌的增加，改善便秘並強化免疫力。

南瓜蘋果牛奶汁

容易便秘的寶寶喝這個！

材料

熟南瓜泥30克、去皮蘋果30克、配方奶或鮮奶150c.c.

做法

1. 熟南瓜壓成泥，蘋果切小丁。
2. 將所有材料放入果汁機攪打均勻。
3. 也可以透過細目濾網將果汁奶瀝出，再給寶寶飲用。

媽咪育兒手札

南瓜和蘋果的組合，可以攝取到胡蘿蔔素、果膠、維生素C、天然果糖和纖維，以及數不清的好營養，加上香甜好喝，是寶寶們最喜歡的飲品。

適合年齡：6個月以上
份量：1人份

適合年齡：6個月以上
份量：1人份

奇異果牛奶

皮膚過敏的寶寶喝這個！

材料

配方奶或鮮奶150c.c.、去皮奇異果50克

做法

1. 奇異果切小丁。
2. 奇異果放入果汁機，倒入牛奶攪打均勻。
3. 也可以用細目濾網將果汁奶過濾，再給寶寶飲用。

媽咪育兒手札

1歲以內的寶寶不可以喝市售鮮奶，這裡可改成以60℃溫水泡的配方奶；1歲以上寶寶（對鮮奶不過敏者）才可使用鮮奶果汁。

酪梨牛奶

瘦弱、胃口差的寶寶喝這個！

材料

配方奶或鮮奶150c.c.、熟酪梨100克

做法

1. 把所有材料放入果汁機，仔細打勻。
2. 也可以透過細目濾網將果汁奶瀝出，再給幼兒飲用。

媽咪育兒手札

1. 酪梨有天然奶油之稱，含有大量油質，營養成份高。
2. 攪打果汁時，千萬不可以攪打太久。因為攪打的時間越長，果汁機會產生熱，熱容易破壞掉水果所含的營養素。若擔心沒有攪打均勻，再以細目濾網過篩即可。

適合年齡：8個月以上
份量：1人份

適合年齡：8個月以上
份量：1人份

木瓜優格糊

瘦弱、胃口差的寶寶喝這個！

適合年齡：6個月以上
份量：1人份

材料

熟木瓜50克、市售原味優格100克

做法

1. 用湯匙以刮泥的方法刮出50克木瓜泥。
2. 將木瓜泥和優格混合拌勻即可。

媽咪育兒手札

木瓜擁有比柑橘類水果還要多的胡蘿蔔素和維生素C，可滋養強壯肌肉，也可以幫助排便順暢。寶寶排便順暢，會使胃部感覺飢餓，就可以達到促進食慾，讓胃口大開的作用。

火龍果椰子汁

瘦弱、胃口差的寶寶喝這個！

適合年齡：6個月以上
份量：1人份

材料

新鮮椰子汁150c.c.、去皮火龍果50克

做法

1. 火龍果切成小塊。
2. 將所有材料放入果汁機攪打均勻。
3. 也可以透過細目濾網將果汁瀝出，再給寶寶飲用。

媽咪育兒手札

火龍果含有豐富的植物性白蛋白、酵素、水溶性膳食纖維、花青素，以及礦物質鈣、磷、鐵，可以提供寶寶身體發育所需的多種營養素，搭配有滋補功效的椰子汁，小小一杯可提供大大的滿足。

五穀腰果奶

瘦弱、胃口差的寶寶喝這個！

材料

五穀米1/3杯（量米杯）、清水1杯（量米杯）、腰果30克、淨水100c.c.

做法

1. 將洗淨的五穀米瀝乾，和清水倒入內鍋，放入電鍋，外鍋倒入1杯水，按下開關煮熟。
2. 取出1大匙煮好的五穀米，放入果汁機中，加入腰果和淨水打勻，即可飲用。
3. 剩餘煮好的五穀米待降溫後，放入冰箱可冷藏2天，冷凍約7天，欲食用時再取出。

媽咪育兒手札

所有的堅果類都是屬於高熱量食物，可提供寶寶活潑好動的熱量來源。腰果含有豐富的蛋白質、脂肪和鈣、鐵等礦物質，打成汁可以當作牛奶的替代品。五穀米含有各種穀類的精華，兩者併用使營養價值更加提高。

小米燕麥奶

瘦弱、胃口差的寶寶喝這個！

材料

小米30克、燕麥30克、清水120c.c.、配方奶或鮮奶150c.c.

做法

1. 小米和燕麥浸泡適量的水1個小時，瀝乾。
2. 將小米、燕麥和清水倒入內鍋，放入電鍋，外鍋倒入1杯水，按下開關煮熟。
3. 取出1大匙煮好的小米、燕麥，放入果汁機，加入鮮奶打勻，即可飲用。
4. 剩餘煮好的小米、燕麥待降溫後，放入冰箱可冷藏2天，冷凍約7天，欲食用時再取出。

媽咪育兒手札

小米和燕麥都屬於營養價值高的穀麥類食物，具有滋補和飽足的作用。當寶寶出現厭奶或食慾不振的情形時，可嘗試讓寶寶攝取小米燕麥奶，補充身體所需的養分，也可添加少許糖調味，可增加食用的意願。

適合年齡：6個月以上
份量：1人份

適合年齡：6個月以上
份量：1人份

豬骨高湯糙米糊

瘦弱、胃口差的寶寶吃這個！

材料

豬骨高湯1杯（量米杯）、糙米1/3杯（量米杯）

做法

1. 豬骨高湯做法參照p.37。
2. 將洗淨的糙米瀝乾，和豬骨高湯倒入內鍋中，放入電鍋，外鍋倒入1杯水，按下開關煮熟。
3. 取出煮好的糙米和高湯，放入果汁機中攪打均勻，也可放入奶瓶中給寶寶飲用。

媽咪育兒手札

糙米煮爛後可以輕易打成糊狀，所以可直接放入奶瓶喝，但是不建議以此代替水來調製配方奶。糙米糊的食用時機為正常的午、晚餐時段，至少在喝奶前1個小時餵食。

地瓜小米粥

容易便秘的寶寶喝這個！

材料

地瓜100克、小米30克、糙米或胚芽米20克、清水500c.c.

做法

1. 地瓜去皮後切成小塊，洗淨。
2. 將洗淨的小米、糙米瀝乾，和清水、地瓜都倒入鍋中，煮成粥狀。
3. 待粥降溫後即可食用。

媽咪育兒手札

地瓜與米飯類食物共食，可以減少脹氣，並有蛋白質的互補作用。地瓜豐富的膳食性纖維可幫助寶寶排便順暢。

營養高湯自己做

在製作寶寶副食品、幼兒料理時,高湯有著極大的功用。嬰幼兒在成長期,骨骼的發育非常重要,製作高湯材料的如豬大骨、雞骨,含有讓骨骼有韌性、不易斷裂的動物膠質。自製高湯的優點,在於能控制材料的新鮮度,只要是新鮮的高湯,不論拿來做粥類、湯類或湯麵,都能增加鮮甜美味,讓孩子愛上吃飯。

以下是我這幾年來製作豬骨、雞骨高湯、做法的心得分享,希望能幫助新手媽咪迅速進入烹飪的世界。

盡量選擇材質佳的鍋子來烹煮高湯

材質佳指的是鍋身厚的鍋子,因為越厚的鍋子安全性越高、導熱均勻、保溫效果好,不需擔心鍋子燒破洞,還可以省下不少的瓦斯或電力費。烹煮高湯的時間比起煮飯的時間更久,因此選擇適合的湯鍋非常重要。

不要使用電鍋

雖然電鍋的簡易和便利性無可取代,是製作寶寶副食品的重要工具,但是它濃縮湯頭的功力卻遠不及瓦斯的火力。所以,媽咪還是要遵照文中建議的鍋具來製作重要的高湯。好的鍋子可以使用的年限很長,是值得投資的一項廚房工具。

選擇自然培育法的肉品

目前可以提供自然培育法的肉類商家變多了,消費者可以在百貨超市、有機商店、有品質的肉店或網路商城採購,不需要再承擔會不小心買到病死豬肉的風險。建議購買這些有保障的肉品,是希望寶寶可以在有保護的環境下健康成長,讓身體的抵抗力保持在最佳狀態,生活可以過得比較輕鬆與平靜。

選擇豬骨高湯材料的秘訣

豬骨可分為大骨和肋骨,肋骨就是胛仔骨,兩者都可以熬煮高湯。大骨的脂肪較多,所以完成後的高湯比肋骨高湯油膩,需要冷藏過一晚,讓湯汁裡面的油脂凝固,再撈除表層的油再使用。豬肋骨高湯由於脂肪分布少,所以完成後的高湯清爽不油膩,可以直接使用。建議平常可向熟識的店家特別訂購,放入冷凍庫保存。

選擇雞骨高湯材料的秘訣

不論雞胸骨或雞腿骨均可,雞骨高湯清甜不油膩,可以直接使用。但是雞骨可能有細小的骨刺,所以必須透過細目濾網或棉布過濾後,再用來製作副食品。

添加天然的食材,增加甘甜滋味

黃、綠色蔬菜、根莖類、海藻類和水果,都是可以加入高湯一起熬煮的好食材。例如:十字花科蔬菜、蕃茄、胡蘿蔔、地瓜、南瓜、玉米、芹菜、海帶等等,甚至也可以加入蘋果、鳳梨、水梨、芭樂心、楊桃等等耐熬煮的水果。

高湯DIY

豬骨高湯

適合年齡：6個月以上
份量：700～800c.c.

材料

豬肋骨600克（1斤）、水2,000c.c.

做法

1. 豬骨洗淨，放入足量的滾水中燙除血水，約5分鐘後撈起。（圖❶）
2. 用清水再次洗淨，並去除血塊。（圖❷）
3. 將水倒入鍋中，放入豬骨，先以大火煮至沸騰，再轉小火煮，讓湯汁保持微微的沸騰狀態。（圖❸）
4. 半掩鍋蓋續煮2～3小時，直到湯汁變乳白色，關火。（圖❹）
5. 待高湯降溫，以濾網過濾出湯汁，放入冰箱冷藏1天。（圖❺）
6. 以湯匙刮除凝固的浮油層，再分裝於保鮮袋中，放入冰箱冷凍保存。（圖❻）

Tips

豬骨高湯會有油脂，可將高湯先冷藏，再將湯面上凝固的油層刮除，避免喝到過多的油脂。

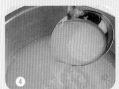

雞骨高湯

適合年齡：6個月以上
份量：700～800c.c.

材料

雞骨600克（1斤）、水2,000c.c.

做法

1. 雞骨洗淨，放入足量的滾水中燙除血水，約5分鐘後撈起。
2. 用清水再次洗淨，並去除血塊。
3. 水倒入鍋中，放入豬骨，先以大火煮至沸騰，再轉小火煮，讓湯汁保持微微的沸騰狀態。
4. 半掩鍋蓋續煮2～3小時，直到湯汁變琥珀色，關火。
5. 待高湯降溫，以濾網過濾出湯汁，分裝於保鮮袋中，放入冰箱冷凍保存。

Tips

雞骨高湯較清甜不膩，在孩子沒有食慾時使用，偶爾換換口味也不錯。

豬雞骨高湯

適合年齡：6個月以上
份量：700～800c.c.

材料

豬肋骨300克（1斤）、雞骨300克、水2,000c.c.

做法

1. 豬骨、雞骨洗淨，放入足量的滾水中燙除血水，約5分鐘後撈起。
2. 用清水再次洗淨，並去除血塊。
3. 將水倒入鍋中，放入豬骨、雞骨，先以大火煮至沸騰，再轉小火煮，讓湯汁保持微微的沸騰狀態。
4. 半掩鍋蓋續煮2～3小時，直到湯汁變乳白色，關火。
5. 待高湯降溫，以濾網過濾出湯汁，放入冰箱冷藏1天。
6. 以湯匙刮除凝固的浮油層，再分裝於保鮮袋中，放入冰箱冷凍保存。

Tips

相對於雞骨高湯的清淡，豬骨高湯因含較多油脂所以較油膩。但若各取一半比例的豬骨、雞骨，則兼備清甜和多膠質的優點。

+Plus
Cooking
Page

簡單刮肉泥、果泥

當幼兒未滿1歲，或是牙齒尚未發育成熟時，無法咀嚼食物，媽咪可將水果或肉、魚刮成泥，給幼兒品嘗。最適合幼兒品嘗的水果，首推以不需要洗或削皮，而且份量適中的香蕉和木瓜。而可以給幼兒吃的水果，還包括蘋果、水梨、熟的酪梨、草莓、蓮霧和火龍果等，只要水果的味道不會太強烈，且軟硬適中都可以。

在肉泥方面，不限豬肉、牛肉、雞肉和魚肉，其中雞肉、魚肉的肉質較細軟，可以直接在生的狀態下刮成泥；而豬肉、牛肉的肉質較結實，建議先攪成泥以後煮熟，必要時可再絞碎一次。另外，可在肉泥中添加等量的傳統豆腐和少許太白粉（或玉米粉），可以補充肉類比較缺乏的鈣質，又能讓口感變得更軟滑。建議6個月以上的寶寶可以開始品嘗肉泥，把肉泥添加在稀飯中當作配料。這個階段的寶寶不適合吃種類多、調味料重，或加了鹽的複雜食物，必須採用適合幼兒的烹調方式餵食，以免幼兒過早接觸調味料，養成重口味的飲食習慣。

食用水果泥、肉泥6大注意事項

1. 第一次給與幼兒水果泥的適當時間，大約是寶寶6個月以上，或者可以請教醫師、營養師，再觀察寶寶的進食情況提前或延後給與。

2. 剛開始餵食水果泥，一次給一種即可，同時觀察寶寶的皮膚和排便狀況，若無特殊過敏情況產生，就可以繼續食用。還有，要不定期更換水果種類，鼓勵幼兒品嘗不一樣的水果。

3. 若家中幼兒不喜歡吃水果泥也不要勉強，試著找出寶寶願意且喜歡品嘗的水果，即使只有一、兩種，也要多鼓勵，盡量別一味想改變他天生的好惡，重要的是讓他在品嘗水果中感受到水果的鮮甜多汁和美味。

4. 第一次給與幼兒肉泥的適當時間，大約是寶寶滿6個月以上，或者可以請教醫師、營養師，再觀察寶寶的進食情況提前或延後給與。

5. 剛開始餵食肉泥，同樣一次給一種即可，同時觀察寶寶的皮膚和排便狀況，若無特殊過敏情況產生，就可以繼續食用。製作時，一定要選購品質新鮮的肉品，並且每次給與的肉泥都是該餐新鮮製作。若真的無法每餐製作，可將製作好的肉泥分成小包裝，放入保鮮盒冷凍保存，保鮮期以一個星期為佳。

6. 若家中幼兒不喜歡吃肉泥也不要勉強，可以改用蒸蛋、豆泥和豆腐等等來補充寶寶成長發育所需的蛋白質。

水果泥、肉泥DIY

香蕉泥

適合年齡：6個月以上

材料

香蕉1根

做法

1. 將香蕉從中間切一半。（圖❶）
2. 於切口處以湯匙輕輕把果肉刮下，直接餵食。（圖❷）

魚肉泥

適合年齡：6個月以上

材料

鱈魚肉適量

做法

1. 鱈魚洗淨後去除魚刺，以湯匙輕輕把魚肉刮下。（圖❶）
2. 將魚肉搭配稀飯蒸熟，如果是大量製作，倒入果汁機中打成泥亦可。

這些市售零食也不錯喔！

除了親手烹調的料理外，市售商品中，也有極具營養價值的零食，適合幼兒食用。偶爾以這些零食搭配料理換換口味，讓孩子們的飲食內容更多元，多方攝取營養。以下介紹的，都是營養豐富的食品，可以讓幼兒品嘗。

烤地瓜

適合6個月以上的寶寶食用。烤地瓜營養價值高，而且地瓜肉鬆軟、香甜，適合寶寶咀嚼。

需冷藏的肉鬆、魚鬆

適合1歲以上的寶寶食用。這類食品都需要冷藏，可當成餐點的配料或零嘴。選購時，需選擇冷藏的優質肉品所製成的肉鬆，讓寶寶吃得更安心。

有機認證的果乾

適合10個月以上的寶寶食用。剛開始可以從比較軟的黑棗乾、葡萄乾來嘗試，通常這種酸酸甜甜的滋味很能討小朋友的歡心。

堅果和種籽

適合1歲半以上的寶寶食用。小朋友剛開始食用腰果、核桃或南瓜籽時，需要大人在一旁陪伴，並且將比較大顆的堅果剝成兩半後再吃，以確保食用的安全性。

低鹽海苔片

適合8個月以上的寶寶食用。記得一定要選購低鹽海苔片，或是搭配開水給寶寶食用。一般的海苔太鹹，容易攝取過多的鈉。

原味優格

適合6個月以上的寶寶食用。
原味優格少了過量的糖和添加
物。它含有乳酸菌，可幫助腸
胃蠕動，促進排便和消化，預
防便秘。

起司

以牛奶為主原料製成的起司，
牛奶所含的營養幾乎都有。起
司富含鈣質、維生素和其他
營養素，可提供成長發育中的
孩童、青少年足夠的能量。目
前市售的起司產品有片狀、方
塊、半圓形、球狀等，可挑選
適合的口味給幼兒食用，但需
注意不可過量。

杏仁小魚乾

適合1歲半以上的寶寶食用。
含有豐富的鈣質、不飽和脂肪
酸，熱量也很足夠。

茯苓糕

適合1歲以上的寶寶食用。茯
苓有利水滲濕、改善消化和強
健呼吸道的作用。茯苓糕的成
份中除了茯苓粉，還有蓬萊米
粉、糯米粉和綿白糖，都是屬
於有飽足感的主食，可以提供
營養和活力。

深海魚油

適合2歲以上的寶寶食用。魚油中含有豐富的EPA、DHA，
是「必需脂肪酸」。這兩種成份對人體大腦神經細胞的組成
相當重要，但人體卻無法自行合成，需要靠食物的攝取。除
了給寶寶均衡完整的飲食來補充大腦發育所需的元素，還可
以選購品質優良無污染的深海魚油，當作是食物以外的營養
補充品。

2歲以上的寶寶建議直接將魚油錠咬破，吸取油脂；2歲以下
的寶寶則必須視情況，將魚油刺破，添加在配方奶中，或是
添加在液狀飲品中。

Part 2
營養滿點的晨光早餐組

早餐是一天三餐中最重要的，千萬不要因為父母忙碌、孩子要上課或賴床，而忽略了這能攝取最多營養的一餐。早餐除了一份主食以外，建議搭配一些水果、牛奶或豆漿食用，能攝取到更豐富的營養。這個單元中，設計了多組元氣餐點，做法簡易，早上做完馬上食用，幾乎不造成爸媽的困擾。比起在外面購買的早餐，更多了愛心和對食材安全的堅持，是孩子們成長的動力。

鮪魚玉米蛋三明治
火腿馬鈴薯沙拉麵包
草莓優格鬆餅
可愛果醬吐司
法式吐司
麵包玉子燒
烤布丁麵包
大蒜麵包
綜合果麥燕麥粥

44

鮪魚玉米三明治

蛋黃含優質蛋白質，寶貝吸收後可強化骨骼發育！

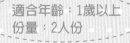

適合年齡：1歲以上
份量：2人份

 材料

水煮鮪魚50克、玉米粒1大匙、小黃瓜15克、薄片吐司2片、茶葉蛋2個、起司片1片

調味料：美乃滋適量

配料：小蕃茄8顆

 做法

鮪魚玉米三明治

1. 水煮鮪魚瀝乾湯汁，小黃瓜切絲。
2. 將兩片吐司攤開，依序鋪上起司片、小黃瓜絲、玉米粒和鮪魚，擠上美乃滋。
3. 再蓋上另一片吐司，切去四個吐司邊之後，再從中對切。

茶葉蛋

材料和做法參照p.63。

組合

將三明治、茶葉蛋和小蕃茄放入早餐盤內即可。

媽咪育兒手札

市售的水煮鮪魚罐頭常見有加入鹽和沒有加鹽兩種，給幼兒食用的以選購未加入鹽的較佳。如果小朋友真的覺得味道太淡，再斟酌加入些許鹽調味即可。

 營養*Memo*

起司片（Cheese）

超市裡販售的片狀起司，是用來搭配吐司、麵包的方便食材。起司片屬於奶製品，當中含有大量鈣質，有助於幼兒骨骼的發育。在選購時，以口味溫和、不過分調味，或有特殊口味的製品為佳。此外，起司片算是高熱量食品，避免讓孩童吃太多，營養過剩導致肥胖。

火腿馬鈴薯
沙拉麵包

可搭配各種麵包的萬用餡料，有營養又吃得飽。

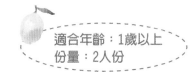

適合年齡：1歲以上
份量：2人份

材料

雞蛋1個、火腿1片、馬鈴薯150克、薄片吐司2片
調味料：鹽少許、美乃滋2大匙
配料：柳丁1個、芭樂1/2個

做法

火腿馬鈴薯沙拉

1. 馬鈴薯洗淨，和雞蛋放入鍋中煮熟。
2. 將馬鈴薯剝皮，雞蛋剝除外殼，放入碗裡面搗碎，加入調味料。

火腿馬鈴薯沙拉麵包

在吐司表面放上火腿，取適量的馬鈴薯沙拉夾入兩片吐司的中間，用一個圓形碗或杯子，從麵的中間壓下，壓出一個圓形夾心吐司，再對半切即可。

組合

把火腿馬鈴薯沙拉麵包、柳丁以及芭樂放入早餐盤內即可。

媽咪育兒手札

這一款沙拉非常容易製作，還可以搭配小朋友喜歡的水果來增添風味！

 營養 *Memo*

馬鈴薯（Potato）

馬鈴薯又叫洋芋，是西方人的主食。目前在市面常見的加工食品，則有洋芋片、炸薯條等，都是過度烹調的食品，不建議給幼兒食用。但馬鈴薯其實含有很高的營養價值，像鈣、磷、鐵、醣類、維生素B和C等，加上食用後有飽足感，媽咪可以偶爾以馬鈴薯當作正餐，替孩子換換口味。馬鈴薯的皮也很營養，若家中孩子年齡較大，可以仔細刷洗皮後連皮一起烹調食用。

草莓優格鬆餅

色彩美麗的鬆餅，讓孩子更有食慾！

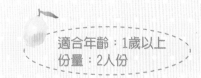

適合年齡：1歲以上
份量：2人份

 材料

鬆餅粉100克、雞蛋1個、鮮奶50c.c.、帕米森起司粉（Parmesan Cheese Powder）1/2大匙、橄欖油1小匙
調味料：蜂蜜1小匙（1歲以內不可食用）
配料：草莓100克

 做法

鬆餅

1. 將鬆餅粉、雞蛋、鮮奶、起司粉和橄欖油倒入容器中，混合拌勻成麵糊。
2. 將麵糊舀入鬆餅機鋪平加熱，或是舀入平底鍋煎成圓片狀的鬆餅亦可。

組合

將煎好的鬆餅放入早餐盤，搭配草莓和蜂蜜食用。

媽咪育兒手札

1. 起司粉只是增添風味，不一定要添加，亦可使用味道不重的起司片。
2. 草莓盛產的季節裡，選一個週末悠閒地製作這款鬆餅，讓整個早晨充滿活力！

 營養 *Memo*

草莓（Strawberry）

草莓因可愛的形狀、酸甜的滋味和香氣，名列受孩童喜愛的水果前幾名。它所含的營養成分中，豐富的維生素C和纖維質，能使幼兒排便順暢，自然有食慾將每餐的食物吃光光。大量的有機酸可增強抵抗力、預防感冒。不過草莓常因農藥多而令人詬病，所以在食用前，記得一定要多清洗幾次。

可愛果醬吐司

果醬和吐司是最好的朋友，若能試試
自己做果醬更棒！

適合年齡：8個月以上
份量：2人份

 材料　薄片吐司2片、葡萄果醬適量
配料：奇異果1顆、原味優格1小瓶

 做法　果醬吐司
1. 以剪刀或餅乾壓模將吐司切出各種可愛的造型。
2. 將吐司放入烤箱，烤至表面微微上色。取出烤好的吐司，
   塗抹上小朋友喜歡的果醬。

組合
奇異果去皮後切成小塊，放入小碗中。果醬吐司可搭配優格
和奇異果食用。

媽咪育兒手札

1. 已經厭煩了一成不變的方形
   吐司嗎？不妨鼓勵幼兒把吐
   司當畫布，用廚房剪刀裁剪
   出各式造型，增添吃吐司的
   樂趣！自製果醬的滋味只有
   做過才知道，而且你會發現
   原來做果醬這麼容易！

2. 其他口味的果醬做法，可參
   照p.51。

自製果醬營養又簡單！

+Plus Cooking Page

水果除了打果汁以外，這裡和大家分享另一種美味的吃法，就是製作成水果果醬。做法簡單易學，材料也只要準備一些當季新鮮的水果就可以了。果醬最常用來塗抹各式麵包、吐司，此外，還可以加入開水或茶中，調配成一道道果茶飲品。所以，果醬不只是小孩子們喜歡，與好友們在家聚會時更是不可缺。以下的草莓果醬和陳皮水梨醬是我的拿手果醬，讀者不妨和我一起做做看！

果醬DIY

草莓果醬

適合年齡：6個月以上

材料

新鮮草莓600克、冰糖300克

做法

1. 草莓去蒂頭，洗淨後瀝乾。
2. 將草莓和冰糖放入鍋中，以中小火煮到開始沸騰，若是泡沫太多，轉小火續煮，一直煮到材料呈現黏稠且收汁的狀態即可關火。

Tips

★ 煮果醬的時候必須邊煮邊攪拌，以免糖粒黏底燒焦。

陳皮水梨醬

適合年齡：10個月以上

材料

去皮去籽高山水梨600克、陳皮1大匙、冰糖200克

做法

1. 水梨去皮去籽後切小丁。
2. 將水梨、陳皮和冰糖放入鍋中，以中小火煮到開始沸騰，若是泡沫太多，轉小火續煮，一直煮到材料呈現黏稠且收汁的狀態即可關火。（圖❶）

Tips

★ 陳皮已經含糖，所以必須減少冰糖的用量，以免果醬太甜膩。
★ 陳皮有理氣、祛痰的作用，搭配水梨，兩者的味道非常合適。

法式吐司

來片裹了營養蛋奶的吐司，一早吃進了滿滿營養。

適合年齡：8個月以上
份量：2人份

 材料　厚片吐司2片、雞蛋1個、鮮奶30c.c.、橄欖油1/2 小匙
調味料：蜂蜜1小匙（1歲以内不可食用）

 **媽咪育兒手札**
吐司、法國長棍麵包都很適合用來製作法式吐司，小朋友若喜歡吃甜的，可以在蛋汁内加一點細砂糖，或是吃的時候淋上蜂蜜、楓糖亦可。

 做法　法式吐司

1. 雞蛋、鮮奶和橄欖油混合拌勻成蛋汁。
2. 將吐司浸泡在蛋汁中，直到麵包完全吸飽蛋汁。
3. 平底鍋燒熱，放入吐司，以小火煎到兩面都呈金黃色。

組合

將吐司放在早餐盤上，搭配蜂蜜即可。

 營養*Memo*

橄欖油（Olive Oil）
屬於優質植物油的橄欖油，含有脂溶性維生素A、D、E、K、F，以及單元不飽和脂肪酸，這些都是皮膚易於吸收的養分。其中的維生素E，更能保護、滋潤幼兒的皮膚。製作幼兒食品時，以橄欖油取代沙拉油，讓幼兒吃得更健康。

麵包玉子燒

除了麵包、飯食外，適時搭配點水果，營養素更多元。

適合年齡：8個月以上
份量：2人份

材料　厚片吐司1片、雞蛋1個、太白粉1/2大匙、清水20c.c.、鹽少許
調味料：蕃茄醬1大匙、橄欖油少許
配料：小蕃茄8顆、小黃瓜1/2個

做法

麵包玉子燒

1. 將厚片吐司的四個邊切除，再對切一半。
2. 雞蛋加鹽打散，太白粉和清水攪勻，與蛋液混合均勻。
3. 在玉子燒專用鍋（煎蛋專用鍋）內塗抹少許橄欖油，鍋子預熱，先倒入一半蛋液，使蛋液平鋪在鍋面，形成薄薄的一片。
4. 在蛋液尚未凝固前趕緊放入吐司，以筷子捲起，取出放在早餐盤。
5. 另一片吐司和剩餘的蛋液也以相同方式製作。

組合

小黃瓜洗淨後切絲。將麵包玉子燒、小蕃茄和小黃瓜絲放入早餐盤內，擠上蕃茄醬即可。

媽咪育兒手札

1. 這是另一種的法式吐司，趁著蛋液尚未熟之前，放入吐司片捲起。還可以加入喜歡的配料捲起，例如起司片、火腿片和培根。
2. 玉子是指煎蛋的意思！

 營養*Memo*

小黃瓜（Cucumber）

小黃瓜所含的豐富維生素A、B1、B2、C，以及鐵、磷、鈣等礦物質、纖維質，絕對會讓你嚇一跳。它有消暑、消炎和利尿等功效，還有助於排便，保持良好的體內環保。夏天最適合製作料理給幼兒食用！但有一點要注意的是，黃瓜在栽種過程中常會噴灑過多的農藥，所以媽咪在烹調前，一定要徹底清洗乾淨，或者購買有機商品。

烤布丁麵包

硬硬的吐司邊也有新吃法，做成鹹點心口味，
小朋友接受度高。

適合年齡：10個月以上
份量：2人份

材料

雞蛋1個、鮮奶100c.c.、吐司邊1杯、火腿片1/4
片、起司片1/2片

配料：柳丁1顆、草莓4顆

做法

烤布丁麵包

1. 將雞蛋和鮮奶倒入容器中，混合拌勻成蛋液。
2. 吐司邊切小塊，火腿和起司切細絲。
3. 將蛋液、吐司邊、火腿和起司混合後放入烤皿，
   烤箱預熱170℃，放入烤皿烤約15分鐘。
4. 取出烤皿稍微搖晃，確認蛋液凝固後，取出放在
   早餐盤上。

組合

將烤布丁麵包搭配柳丁、草莓即可食用。

媽咪育兒手扎
只要是冰箱內沒有吃完的麵
包，都可以拿來製作這道布
丁，即使是平常切下的吐司皮
也可以，完全不浪費。

 營養*Memo*

柳丁（Orange）
便宜且容易取得的柳丁，是補充維生素C和纖維質的極佳水果之
一。如果家中寶寶還小，可給他喝柳丁汁；若孩子較大，建議不
榨汁剝皮連果肉直接食用。這樣不僅是維生素C，連豐富的纖維
質都不浪費，更能幫助孩童排便。

大蒜麵包

烤得香酥脆的大蒜麵包，熱熱地吃最美味。

適合年齡：8個月以上
份量：2人份

 材料

吐司2片、雞蛋2個
調味料：大蒜粉1大匙、香菜葉1/2大匙、奶油100克、鹽少許
配料：橄欖油1小匙、小蕃茄5顆

 做法

大蒜麵包

1. 將奶油放在攪拌盆內使其軟化，香菜葉切碎。
2. 將大蒜粉、香菜葉碎加入奶油中，攪拌均勻成軟滑狀。
3. 將吐司的四個邊切除，再將吐司切成四片三角形。拌好的奶油塗抹在吐司兩面，放入烤箱烘烤至表面上色

鬆鬆炒蛋

材料和做法參照p.63。

組合

將吐司、鬆鬆炒蛋放在早餐盤上，搭配小蕃茄即可。

媽咪育兒手札

自製的大蒜奶油醬可以使用高單價的天然奶油，不含反式脂肪也絕非人造奶油，吃起來不只味道香也讓家人安心。使用乾燥的大蒜粉和香菜葉來製作，奶油可以放置在冷藏的溫度長達一個月，若使用新鮮的大蒜泥和香菜葉，務必要冷凍，才能確實保鮮。

綜合果麥燕麥粥

以市售燕麥取代主食，多了纖維質的吸收，
和便秘說bye-bye。

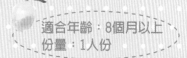

適合年齡：8個月以上
份量：1人份

材料
大燕麥片2大匙、鮮奶或配方奶200c.c.、綜合果麥
1大匙
調味料：蜂蜜1小匙（1歲以內不可食用）
配料：蘋果1顆

做法
大燕麥片粥
1. 將大燕麥片倒入鍋中，倒入鮮奶浸泡約5分鐘，蓋
   上鍋蓋先以小火加熱。
2. 記得一邊加熱要一邊攪拌，以免燒焦，沸騰後關
   火即可。

組合
將煮好的燕麥粥舀入碗中，撒上綜合果麥，淋上蜂
蜜，並搭配蘋果片即可。

媽咪育兒手札

1. 通常醫界建議1歲以內的幼
   兒不要食用蜂蜜，所以若
   家中寶寶未滿1歲，可不需
   添加蜂蜜。
2. 這款早餐非常適合給喜歡
   堅果又喜歡燕麥粥的小朋
   友，豐富的搭配元素，營
   養當然也加分！
3. 單純的燕麥粥也可以給8個
   月以上的寶寶食用。
4. 果麥和葡萄乾只是增加甜
   脆的口感，也可不添加。

營養Memo

蘋果（Apple）
蘋果、香蕉和柳丁是我建議家中有幼兒的家庭要時時準備的水
果。蘋果中含有微量的鋅，對發育中的孩童有益，並且有助於提
升記憶力。另外，含大量的纖維質，建議媽咪給排便不順的孩童
吃。以蘋果搭配這道同樣是高纖維質的果麥燕麥粥，是對付頑抗
便便的最佳食物。

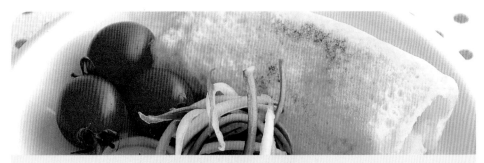

早餐吃蛋很重要！

蛋白質以食物形態進入人體，最後會分解成氨基酸，參與全身上下肌肉、血液、皮膚、骨骼和神經等的合成，因此被視為是最重要的營養素之一，與醣類和脂肪共稱為三大巨量營養素。

蛋白質的種類很多，其中氨基酸的含量和種類完整、可以促進生長的稱為「完全蛋白質」，例如雞蛋、牛奶、肉類和胚芽，都含有完全蛋白質，對嬰幼兒的發育有很大的作用。

蛋料理是攝取蛋白質的重要來源

成人每日所需的蛋白質，為每公斤體重0.8～1克，也就是說一個50公斤的成人每日所需攝取的蛋白質量為40～50克，年齡越小的嬰幼兒所需的蛋白質量越高。除了牛奶、配方奶以外，蛋是最容易取得、價格最經濟的完全蛋白質食物。通常1顆中等大小的蛋（約50克），可提供8～10克的蛋白質，對於急速成長發育中的嬰幼兒，更能補充身體組織的需要，並且幫助建構細胞的生長。所以，讓孩子們食用適量的蛋料理很重要喔！那嬰幼兒每天該吃多少的蛋呢？可參考下表。另外，嬰兒應先從1/4顆蛋黃開始吃，每個禮拜逐一增加，只要對蛋不過敏，滿周歲起幼兒每天最多可以吃3顆蛋量。

嬰幼兒所需蛋白質的量表

年齡	每日攝取量
出生至3個月	每公斤體重需約2.4克的蛋白質
3～6個月	每公斤體重需約2.2克的蛋白質
6～9個月	每公斤體重需約2.0克的蛋白質
9～12個月	每公斤體重需約1.8克的蛋白質
1～3歲（體重10～20公斤）	每日攝取25克的蛋白質
4～6歲（體重20～25公斤）	每日攝取30～40克的蛋白質

蛋料理DIY

mom
育兒心得

水煮蛋

適合年齡：6個月以上

材料

雞蛋2個、水適量

做法

1. 夏天煮水煮蛋時，先煮開一鍋滾水，將洗淨的雞蛋放入滾水中，蓋上鍋蓋後立刻關火，燜約10分鐘即可成糖心蛋。燜的時間越久，雞蛋就會越熟，即成全熟水煮蛋。
2. 冬天煮水煮蛋時，先煮開一鍋滾水，將洗淨的雞蛋放入滾水中，蓋上鍋蓋約2分鐘後關火，燜約10分鐘即可成糖心蛋。燜的時間越久，雞蛋就會越熟，即成全熟水煮蛋。

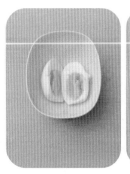

全熟水煮蛋　　　　　5分熟蛋

鬆鬆炒蛋

適合年齡：6個月以上

材料

雞蛋2個
調味料：橄欖油1小匙、鹽少許

做法

1. 平底鍋燒熱，倒入橄欖油，再倒入攪散的蛋液用筷子炒散。
2. 加少許鹽調味即可起鍋。

茶葉蛋　　　　　鬆鬆炒蛋

茶葉蛋

適合年齡：1歲以上

材料

雞蛋6個、茶葉蛋滷包1包、水540c.c.
調味料：醬油1/2杯（量米杯）、細砂糖1大匙

做法

1. 將所有材料放入鍋中，先以中火煮至沸騰，再轉小火續滷約10分鐘，關火。
2. 蓋上鍋蓋，續燜約10分鐘即可。

我家小孩很挑食怎麼辦？

你家的小孩是真的挑食嗎？媽咪不妨先思考一下，也許自己的飲食也不夠均衡。是不是常聽到小孩子和家人抱怨：「怎麼老是吃這幾種菜啊？」大人在市場挑選菜色時，也會因自己的喜好來採購。例如排名第一讓人卻步的苦瓜，以及色彩豐富的彩椒，味道讓許多大人小孩都搖頭。而需要牙齒耐心咀嚼的葉菜類，因總是以快炒的方式烹調，口感上就是少了那麼一點吸引力，也是許多人不太喜歡的原因。

我也和許多爸媽一樣碰到家中小孩會挑食的狀況，以下分享幾種不錯的方法，可供家中小孩挑食的爸媽們做參考。一旦小孩挑食也不必過度緊張，只要認真營造用餐氣氛，努力製作好吃的料理，相信小孩子也會感受到這份用心，耐心和鼓勵是影響他們改變飲食習慣的不二法門。

如何讓孩子不再挑食了？

豐富菜色、變化烹調方式

當爸媽抱怨小孩挑食的同時，想一想，家裡餐桌上的菜色是否不夠豐富？還是烹調的味道太過單調？所以，媽咪不必為了小孩的挑食而過度緊張，除非挑食已經嚴重影響成長發育，或是過分倚賴市售包裝食品造成齲齒時，爸媽就必須與醫師、營養師配合，將小孩的飲食習慣扭轉過來。

控制孩子吃零食的時機、份量

有時會聽到家長抱怨小孩吃了太多零食而吃不下正餐，這是本末倒置的行為。爸媽給與零食或點心，應該是在小孩用餐完畢後，給他們的一種獎賞，而非在用餐前。所以，給與的時機和份量都非常重要。餐前絕對不可以給任何甜的食物或飲品，因為甜食有飽足感，當然會降低食慾而吃不下正餐。

在固定時間、無壓力的環境用餐

當孩子還處於學齡前階段，讓小孩子在沒有壓力的氣氛中用餐、在固定的時間專心認真地吃飯，有助於腸胃正常蠕動、消化，也可以讓他感受到用餐是一種品嘗和享受，對孩子長大以後絕對有正向鼓勵。

針對不愛吃菜、肉的孩子的策略

不愛吃菜的挑食小孩

蔬菜除了黃、綠色的葉菜類蔬菜，藻類、胡蘿蔔、四季豆、菜豆、豌豆、豆芽菜、竹筍、瓜類、蕃茄、甜椒、香菇、蔥、蒜等等，都屬於青菜。青菜提供豐富的纖維、植物蛋白質、維生素B群、A、C、E、K和少量的礦物質。

正因蔬菜的種類繁多，必須耐心找出寶寶喜愛的種類。有的寶寶天生味覺敏銳，覺得蔬菜有一股怪味，那倒不見得是真正的挑食，可能是泥土或農藥的味道讓他不舒服，所以不喜歡吃。而飲食中若缺乏蔬菜的纖維，長期下來容易造成便秘，建議給小孩補充兒童維他命C、乳酸菌、水果和充足的水份，優格或無添加物的天然果凍也是不錯的選擇。

不愛吃肉的挑食小孩

維生素B12是促進兒童神經系統健康，以及幫助生長發育的維生素，多存在於動物肝臟、牛肉、豬肉、雞肉、魚肉、蛋、奶和乳製品中，也蘊含在海藻和紫菜中。不愛吃肉的小孩由於無法從肉類中攝取維生素B12，所以比較容易出現臉色蒼白、貧血或是注意力不集中的問題。此外，這些食物也含有豐富的鐵，是能促進發育和給人紅潤好氣色的礦物質，不吃肉的小孩同樣也會有缺乏鐵質的可能性，這就是為什麼老一輩的阿公阿嬤總是說「沒吃肉會長不大」的原因。

若家中有不愛吃肉的小孩，建議繼續喝兒童成長奶粉，這類的配方奶中維生素和礦物質都很均衡，若能讓幼童繼續保持每天喝兩杯牛奶的習慣，至少上述兩種維生素和礦物質有補充管道，爸媽也不必為了強迫小孩吃肉而弄得兩敗俱傷。還有，不吃肉的小孩也可能面臨蛋白質攝取不足的問題，因此蛋、豆漿、豆製品這類食物一定要時常出現在餐桌上，甚至是每天都要準備。必要的話，也可以另外補充兒童綜合維他命錠劑或兒童鐵。

Part 3
選擇多樣化的元氣主菜

當孩子們脫離米糊、牛奶的飲食內容，漸漸可以食用各式各樣的菜了。在這個成長發育的黃金時期，搭配主食的主菜更是不能忽略。孩子必須藉由這些料理，獲得足夠的蛋白質、食物纖維、各種維生素和礦物質等營養，以符合發育所需。在這個單元，我利用了蔬菜、肉類和魚類製作許多主菜，讓讀者有更多選擇，可以自由安排，幾天就換不一樣的菜色，烹調出兼具各種營養的主菜給孩子吃。

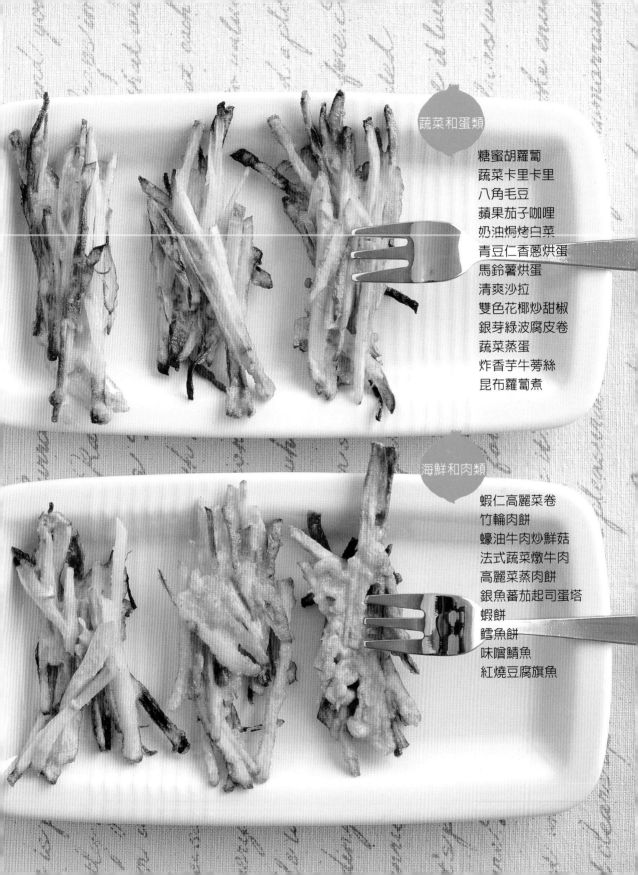

糖蜜胡蘿蔔

小朋友不喜歡吃胡蘿蔔嗎？裹一層糖
就不再可怕了。

適合年齡：1歲以上
份量：2～3人份

 材料　胡蘿蔔300克、薑1片、清水300c.c.、橄欖油1大匙
調味料：蜂蜜2大匙（1歲以內不可食用）、麥芽糖2大匙

 做法　1. 胡蘿蔔洗淨切波浪片，放入鍋中，加入清水，以中火煮
沸騰。
2. 加入調味料，半掩鍋蓋煮至略收汁且湯汁變得濃稠。
3. 起鍋前加入橄欖油拌勻即可。

媽咪育兒手札 🐰
利用蜂蜜和麥芽糖的蜜炙，讓
胡蘿蔔變得好甜好好吃！這道
料理適合當作便當菜或是小零
嘴，讓小朋友品嘗。

蔬菜卡里卡里

不起眼的牛蒡、蓮藕，卻含有孩子們
不可或缺的營養素在其中。

 材料　牛蒡1/2支、蓮藕1節
調味料：鹽少許

 做法

1. 牛蒡和蓮藕都去皮後切薄片，浸泡清水後瀝乾，以廚
房紙巾充分將水份吸乾。
2. 烤箱以130℃預熱，烤盤上鋪烘焙紙，將材料攤開放
在烤盤上，儘量不要重疊，放入烤箱的上層，表面撒
上少許鹽，以上火加熱20分鐘，或是烘烤至蔬菜邊緣
已經微微上色即可。

適合年齡：1歲以上
份量：2人份

媽咪育兒手札
要讓蔬菜吃起來酥酥脆脆的，
唯一的方式就是把蔬菜刨得非
常薄，入口時還會有蔬菜自然
的香甜喔！

八角毛豆

是點心也是主菜，適時補充豆類所含的
高蛋白對孩童的成長很重要！

材料

毛豆莢200克、八角2粒、滾水適量
調味料：鹽1/2小匙、麻油1小匙

做法

1. 毛豆莢洗淨放入鍋中，加入八角，倒入滾水汆
   燙，撈起瀝乾放入容器中。
2. 加入調味料，仔細翻拌均勻即可。

媽咪育兒手札

市售的調味毛豆因為加了黑胡椒粉，小朋友感覺
辣辣的不敢吃，建議選購新鮮毛豆，自行調整鹹
淡口味。毛豆就是新鮮的黃豆，所以營養價值非
常高。

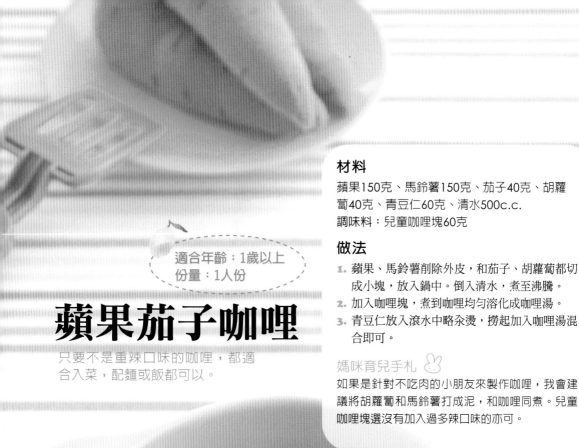

適合年齡：1歲以上
份量：1人份

蘋果茄子咖哩

只要不是重辣口味的咖哩，都適
合入菜，配麵或飯都可以。

材料

蘋果150克、馬鈴薯150克、茄子40克、胡蘿
蔔40克、青豆仁60克、清水500c.c.
調味料：兒童咖哩塊60克

做法

1. 蘋果、馬鈴薯削除外皮，和茄子、胡蘿蔔都切
   成小塊，放入鍋中。倒入清水，煮至沸騰。
2. 加入咖哩塊，煮到咖哩均勻溶化成咖哩湯。
3. 青豆仁放入滾水中略汆燙，撈起加入咖哩湯混
   合即可。

媽咪育兒手札

如果是針對不吃肉的小朋友來製作咖哩，我會建
議將胡蘿蔔和馬鈴薯打成泥，和咖哩同煮。兒童
咖哩塊選沒有加入過多辣口味的亦可。

奶油焗烤白菜

烤過的白菜柔嫩可口，加上起司，全方面吸收營養。

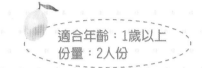

適合年齡：1歲以上
份量：2人份

材料
白菜心200克、絞肉50克、橄欖油1小匙、清水200c.c.、橄欖油少許
調味料：市售奶油濃湯塊20克、披薩起司絲60克

做法
1. 白菜心剝開洗淨，切小段，放入滾水汆燙至軟化。（圖❶）
2. 鍋燒熱，倒入少許橄欖油，先放入絞肉炒熟，再放入白菜心混合。（圖❷）
3. 倒入清水，放入奶油濃湯塊，煮到濃湯塊均勻溶化且湯汁濃稠。（圖❸）
4. 把材料舀入烤皿，表面均勻撒上起司絲。（圖❹）
5. 烤箱預熱170℃，將烤皿放入烘烤10分鐘，至表面上色，取出降溫後即可食用。

媽咪育兒手札

選用嫩的白菜心，它的尺寸和葉片的厚薄度都比較適合幼兒咀嚼，而且份量適中，價格也較便宜。

蝦仁高麗菜卷

選擇小顆的高麗菜可以讓新手媽咪成功
不失敗，第一次完美做好。

適合年齡：1歲以上
份量：6份

 材料

小顆的高麗菜1顆、絞肉120克、蝦仁60克、綠韭
菜1支

調味料：鹽1/2小匙、細砂糖1/4小匙、白胡椒粉
1/4小匙、冷壓芝麻油1小匙

 做法

1. 將高麗菜的菜心挖出來，整顆放入滾水汆燙至軟
   化，撈出剝下葉片，削薄硬梗的部分。（圖❶）
2. 將絞肉、蝦仁和韭菜剁碎成泥狀，加調味料拌勻
   成內餡。（圖❷）
3. 將內餡分成8等份包入葉片，放在較上面的地方。
   （圖❸）
4. 將葉片左右收口包起，捲起。（圖❹）
5. 將包好的高麗菜卷放在盤內，移入電鍋，電鍋的
   外鍋倒入1杯水，按下開關蒸熟，取出即可食用。

媽咪育兒手札

也可以準備足量的韭菜，略燙
軟之後用來包住高麗菜卷，整
體顏色會更讓小朋友喜歡。

青豆仁香蔥烘蛋

媽咪只要變個魔法，帶有特殊氣味的
豆、蔥都變好吃了。

適合年齡：1歲以上
份量：2～3人份

 材料 雞蛋2個、清水50c.c.、青豆仁60克、蔥1支、橄欖油
1小匙
調味料：鹽1/2小匙

 做法
1. 將雞蛋和清水混合攪散，加入調味料和橄欖油拌勻成
蛋液。
2. 青豆仁放入滾水中略汆燙後撈起。蔥切末，加入蛋液
中拌勻，倒入烤皿並蓋上鋁箔紙。
3. 烤箱預熱150℃，將烤皿放入烘烤約20分鐘，確認蛋
液凝固後即可取出。

媽咪育兒手札
如果家中的小寶貝還不太會咀
嚼，也可以將青豆汆燙後與清
水混合打成泥，過濾後再製作
這道菜。

馬鈴薯烘蛋

馬鈴薯含有澱粉，是小寶貝主食的
新選擇。

適合年齡：1歲以上
份量：2人份

 材料　馬鈴薯150克、紅甜椒15克、雞蛋2個、清水50c.c.、
橄欖油1小匙
調味料：鹽1/2小匙

 媽咪育兒手札

這道料理可以保留馬鈴薯的酥
脆感，若是喜歡軟爛的馬鈴薯
口感，建議先將馬鈴薯汆燙過
再進行烘蛋步驟。

 做法

1. 馬鈴薯去皮後刨絲，用清水沖洗，仔細擦乾。紅甜椒
   切末。
2. 將雞蛋和清水混合攪散，加入調味料和馬鈴薯絲、紅
   甜椒末拌勻成蛋液。
3. 鍋燒熱，倒入橄欖油，倒入蛋液以小火慢慢烘，確認
   底部上色後小心翻面，煎至兩面都呈金黃色即可。

清爽沙拉

清爽的新鮮沙拉，可當作兒童炎夏的
消暑料理！

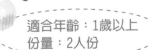
適合年齡：1歲以上
份量：2人份

 材料　綠葉萵苣3片、胡蘿蔔50克、小黃瓜75克、玉米粒1大
匙、葡萄乾1大匙、起司棒2條
調味料：美乃滋2大匙、蕃茄醬1大匙

 做法
1. 蔬菜洗淨瀝乾。胡蘿蔔刨成絲。小黃瓜切成波浪薄
片。起司棒切小段。
2. 將所有材料放入容器中。
3. 調味料調勻，搭配蔬菜料食用即可。

媽咪育兒手札
這道沙拉中的蔬菜超多，搭配
著葡萄乾和起司，可以讓小朋
友不知不覺吃下肚，營養足
夠、清爽加倍，非常適合夏天
品嘗。

雙色花椰炒甜椒

高營養卻氣味特殊的甜椒，換個烹調
方式就能開心入口！

適合年齡：1歲以上
份量：2人份

材料 綠花椰菜100克、白花椰菜135克、紅甜椒50克、清水
200c.c.
調味料：鹽1/2小匙、橄欖油1小匙

做法
1. 將綠、白花椰菜分別切成一口大小。紅甜椒切成小丁。
2. 清水倒入鍋中，放入花椰菜，蓋上鍋蓋燜煮至熟，撈出瀝
   乾水份。
3. 放入紅甜椒和調味料，翻拌均勻以後即可。

媽咪育兒手札
喜歡蔬菜的小朋友最喜歡花椰
菜了，因為它獨特的花朵造
型，而且煮熟之後容易咀嚼，
搭配顏色豐富的彩椒，襯托出
一盤春天的氣息。

銀芽綠波腐皮卷

層層疊疊的腐皮卷，一定能吸引小朋友的注意。

適合年齡：1歲以上
份量：2人份

材料 菠菜75克、嫩豆皮2片、黃豆芽50克
調味料：鹽1/2小匙、冷壓芝麻油1小匙
配料：胡蘿蔔25克、太白粉1小匙、清水1/2大匙、蔬菜高湯1/2杯

做法
1. 菠菜只取葉片的部分，放入滾水中氽燙。（圖❶）
2. 小心攤開嫩豆皮，把菠菜和黃豆芽鋪在上面。（圖❷）
3. 將嫩豆皮連菜料慢慢捲好成腐皮卷。（圖❸）
4. 將包好的腐皮卷放在盤內，移入電鍋，電鍋的外鍋倒入1杯水，按下開關蒸熟，取出橫向對切，切口處朝上擺放。
5. 將胡蘿蔔磨成泥，蔬菜高湯做法參照媽咪育兒手札2。
6. 將蔬菜高湯倒入鍋中加熱，放入胡蘿蔔泥，並調太白粉水勾芡，待沸騰濃稠後淋在加熱完成的腐皮卷上即可。

媽咪育兒手札

1. 腐皮是蛋白質和鈣質都非常豐富的豆類製品，而且入口即化，非常適合幼兒品嘗。
2. 製作蔬菜高湯時，可將相同份量的西洋芹、胡蘿蔔和蒜苗等倒入鍋中，加入清水煮約30分鐘，再過濾出汁液即可。蔬菜和清水的量約1：3。

❶

❷

❸

蔬菜蒸蛋

小小一碗蒸蛋，寶寶可攝取到蔬菜和蛋的營養！

適合年齡：8個月以上
份量：2人份

 材料　小黃瓜15克、紅甜椒15克、雞蛋2個、清水150c.c.
調味料：鰹魚高湯粉1小匙

 做法

1. 小黃瓜和紅甜椒都切末。
2. 將雞蛋和清水放入容器中混合，加入調味料和小黃瓜、紅甜椒攪拌均勻，蓋上鋁箔紙。
3. 將容器移入電鍋中，電鍋的外鍋倒入1杯水，電鍋蓋留下小縫隙不完全蓋上，按下開關蒸熟即可食用。

媽咪育兒手札

蒸蛋的火候切勿過猛，否則蛋的表面容易出現孔洞，平常利用電鍋製作蒸蛋時，記得鍋蓋留些微的縫隙，這樣完成的蒸蛋會非常具有專業水準喔！

 營養*Memo*

雞蛋
寶寶在6個月開始可以補充雞蛋的營養。未滿1歲的寶寶因腸胃尚未完全發育，只能吃蛋黃，而且要控制份量。一開始可以先讓寶寶食用1/4個蛋黃，再慢慢逐漸增加份量，並且要注意寶寶有無過敏的反應出現。

炸香芋牛蒡絲

比起速食店的炸薯條，一片片香芋牛蒡絲更香脆、營養。

適合年齡：1歲以上
份量：2～3人份

材料

芋頭150克、牛蒡75克、太白粉1大匙、橄欖油4大匙

調味料：鹽1/2小匙、白胡椒粉1/4小匙

做法

1. 芋頭、牛蒡去皮刨成絲，浸泡清水，撈出充分瀝乾，均勻撒上太白粉和調味料。
2. 鍋燒熱，倒入橄欖油，用筷子將材料分成扁扁的小堆，放入鍋內煎成兩面都呈金黃色。
3. 將炸好的香芋牛蒡絲放在廚房紙巾上，吸乾多餘的油即可。

媽咪育兒手札

營養的芋頭和牛蒡絕對不是小朋友喜歡的食物，但是刨成絲又煎成脆脆的口感，反而讓小朋友願意嘗試了！可以用手拿著吃，增加食用的樂趣。

昆布蘿蔔煮

給幼兒食用之前，記得要切成小塊讓孩童易入口喔！

適合年齡：1歲以上
份量：2人份

材料

白蘿蔔150克、南瓜150克、清水1,000c.c.
調味料：昆布2片、鹽1小匙、醬油1大匙、
冷壓芝麻油1小匙

做法

1. 白蘿蔔去皮切成中等塊狀。南瓜洗淨，連皮切成塊狀。昆布洗淨擦乾。
2. 將白蘿蔔、南瓜放入鍋中，倒入清水、醬油和昆布，先以大火煮沸，再轉小火讓湯汁保持沸騰，半掩鍋蓋續煮約20分鐘。
3. 待材料煮熟後加入鹽，關火，蓋上鍋蓋燜至降溫。食用前滴入芝麻油即可。

媽咪育兒手札

以昆布熬煮的高湯，富含礦物質和來自海洋的原味，聰明的爸媽應該讓寶寶攝取均衡的飲食，將各種有益的蔬菜混合一起煮，一次喝到多種蔬菜精華！

竹輪肉餅

圓形的竹輪包著美味絞肉，可愛的外
型一口接著一口。

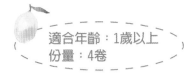
適合年齡：1歲以上
份量：4卷

 材料 豬絞肉100克、玉米粒1小匙、菠菜碎1大匙、中型竹輪4
條、橄欖油1大匙
調味料：鹽1/2小匙、白胡椒粉1/4小匙、麻油1/2小匙

 做法
1. 將絞肉、玉米和菠菜混合切碎。
2. 加入調味料，仔細攪拌成絞肉泥。
3. 竹輪卷縱向切開，把絞肉泥塞入竹輪中，放入盤內，移入
   電鍋。電鍋的外鍋倒入1杯水，按下開關蒸熟。
4. 鍋燒熱，倒入橄欖油，放入蒸熟的竹輪卷，略煎至表面呈
   金黃，取出切小段即可。

媽咪育兒手札 🐰
這道料理的靈感是來自我們全
家人都喜愛的卡通「我們這一
家」，當小朋友品嘗時滿足開
心的表情，不必言語就知道他
們好喜歡。

涼拌海帶結

如蝴蝶結般的海帶結，內含高量的碘，
吃了讓小朋友頭髮更茂密。

適合年齡：1歲以上
份量：2人份

 材料　海帶結150克
　　　調味料：醬油2大匙、麻油2小匙

 做法
1. 海帶結放入滾水中汆燙，撈起瀝乾放入容器中。
2. 加入調味料，拌勻後即可。

 媽咪育兒手札
海帶結或海帶根因尺寸小巧，
比較適合給學齡前幼兒食用。
海帶含有來自海洋的豐富葉綠
素、微量的鈣、磷、鐵等，是
便宜且營養價值高的食物。

毛豆洋芋可樂餅

食用各種豆類，是幫小朋友攝取重要的
蛋白質最好的方法！

適合年齡：10個月以上
份量：5個

材料 馬鈴薯（洋芋）200克、毛豆60克、雞蛋（蛋液）
1個、麵粉100克、麵包粉100克、橄欖油4大匙
調味料：鹽1/2小匙

做法

1. 馬鈴薯帶皮放入滾水中，煮至筷子可以輕鬆插入
   的軟度，關火。取出馬鈴薯待降溫，剝除外皮。
2. 毛豆洗淨，放入滾水煮熟，待降溫後剝除外皮。
   將馬鈴薯、毛豆以湯匙壓成泥，加鹽拌勻成泥
   狀。（圖❶）
3. 將泥分成5等份，搓圓再壓扁成可樂餅。（圖❷）
4. 將5個可樂餅依麵粉、蛋液、麵包粉的順序沾裹。
   （圖❸）
5. 鍋燒熱，倒入橄欖油，放入沾好粉的可樂餅煎至
   兩面都呈金黃，取出以廚房紙巾上吸除多餘的油
   即可。

媽咪育兒手札

可樂餅是適合親子共同製作的
料理，所以製作時別忘了把家
中的小寶貝請入廚房一起同
樂！還可以改用豬絞肉或鮭魚
肉取代毛豆。

❶

❷

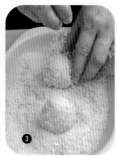
❸

南瓜可樂餅

片狀的可樂餅，方便小朋友隨手拿著吃！

適合年齡：8個月以上
份量：4個

 材料 馬鈴薯250克、南瓜100克、雞蛋（蛋液）1個、麵粉100克、麵包粉100克、橄欖油4大匙
調味料：鹽1/2小匙

 做法
1. 馬鈴薯帶皮放入滾水中，煮至筷子可以輕鬆插入的軟度，關火。取出馬鈴薯待降溫後，剝除外皮後壓成泥。
2. 南瓜切塊後放入盤內，移入電鍋。電鍋的外鍋倒入1杯水，按下開關蒸熟，挖出南瓜泥。
3. 將馬鈴薯泥和南瓜泥混合，加入鹽拌勻成泥狀。
4. 將泥分成4等份，搓圓後再壓扁成可樂餅。
5. 將4個可樂餅依麵粉、蛋液、麵包粉的順序沾裹。
6. 鍋燒熱，倒入橄欖油，放入沾好粉的可樂餅煎至兩面都呈金黃，取出以廚房紙巾上吸除多餘的油即可。

媽咪育兒手札
南瓜的水份多，所以份量不可以超過馬鈴薯的一半，以免整體太過軟爛無法塑型。南瓜餅的鮮甜滋味讓大人小孩都愛不釋手，一定要試著做做看！

蔬菜煎餅

可當作正餐或午後的零食、點心，加入媽咪的愛心只有自己家才有。

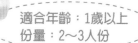

適合年齡：1歲以上
份量：2～3人份

 材料　地瓜100克、胡蘿蔔50克、四季豆35克、橄欖油4大匙
麵糊：麵粉45克、清水50c.c.、雞蛋1個
調味料：鹽1/2小匙、白胡椒粉1/4小匙

 做法
1. 地瓜、胡蘿蔔去皮後刨絲。四季豆摘去頭尾和硬鬚，切斜段再切絲。
2. 麵糊的材料放入容器中調勻。
3. 將所有蔬菜料放入麵糊中，用筷子翻拌均勻，並加入調味料。
4. 鍋燒熱，倒入橄欖油，將沾了麵糊的蔬菜分成扁扁的數小堆，煎至兩面都呈金黃，取出以廚房紙巾吸除多餘的油即可。

媽咪育兒手札 🐰
地瓜、胡蘿蔔的混搭可有魚目混珠的作用，這樣子小朋友以為只有地瓜絲，可以提高品嘗的意願，而加了少許綠色的四季豆，更增添豐富的顏色。

蠔油牛肉炒鮮菇

加入冰糖、蠔油，甜甜的口味讓牛肉、
蔬菜更易被接受。

適合年齡：1歲半以上
份量：2～3人份

材料

牛肉片200克、新鮮香菇70克、甜豆莢70
克、橄欖油1大匙
調味料：蠔油2小匙、冰糖2小匙、麻油1小
匙、洋蔥粉1/2小匙

做法

1. 牛肉片以調味料先醃10分鐘。香菇切小塊。甜
   豆莢去頭尾和硬鬚，切小塊。
2. 鍋燒熱，先放入牛肉片翻炒，炒至八分熟時放
   入香菇和豆莢，蓋上鍋蓋燜煮1分鐘即可。

媽咪育兒手札

1. 可選購筋度比較少的嫩牛肉片，更適合學齡前
   幼兒咀嚼。
2. 洋蔥粉可在超市（小磨坊品牌有）、有機食品
   店或大型量販店中買到。如果家中小孩不喜歡
   吃洋蔥，可用洋蔥粉取代。

法式蔬菜燉牛肉

為了讓孩童易入口,媽咪要將所
有食材都切小塊喔!

適合年齡:1歲半以上
份量:2～3人份

材料
牛腩125克、白菜心(娃娃菜)200克、胡蘿
蔔100克、清水600c.c.
調味料:鹽1/2小匙、牛奶100c.c.、市售白
醬濃湯塊20克

做法
1. 牛腩切小塊,放入滾水中汆燙。白菜心剝開洗
   淨。胡蘿蔔切塊。
2. 將牛腩、白菜心和胡蘿蔔放入鍋中,倒入清
   水,先以大火煮沸,再轉小火半掩鍋蓋續煮約
   30分鐘。
3. 加入調味料,再煮約10分鐘即可。

媽咪育兒手札
因為使用白醬當作湯底,所以整體呈現出奶醬的
風味,當然也可以將胡蘿蔔榨成汁,與白醬混合
熬煮,就成了營養加倍的燉牛肉。

高麗菜蒸肉餅

高麗菜的鮮與脆，是小朋友最喜歡的蔬菜喔！

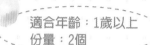
適合年齡：1歲以上
份量：2個

材料 豬絞肉100克、新鮮香菇1片、地瓜2片、高麗菜葉3片
調味料：鹽1/2小匙、細砂糖1/4小匙、五香粉1/4小匙、冷壓芝麻油1小匙

做法

1. 高麗菜葉放入滾水中汆燙至軟化，取出切去較硬的部分。新鮮香菇去梗洗淨。
2. 將豬絞肉放入容器中，加入調味料拌勻，並攪拌成泥狀。
3. 將高麗菜葉像幸運草葉一樣攤開。（圖❶）
4. 先放入1片地瓜，再擺上肉泥。（圖❷）
5. 將肉泥塑成圓餅狀壓在地瓜上，上面放香菇，高麗菜葉整個包起成圓狀，放入盤內。（圖❸❹）
6. 盤子移入電鍋，電鍋的外鍋倒入1杯水，按下開關蒸熟即可。

媽咪育兒手札

地瓜的甜味和豬肉、香菇的新鮮，都被高麗菜葉包裹著，偶爾端出不一樣的菜色，不需要花太多時間，媽咪也可以輕鬆做到！

銀魚蕃茄起司蛋塔

鹹口味的起司塔，是媽咪給愛嘗鮮的小朋友們的好點心。

適合年齡：1歲以上
份量：2人份

材料 市售冷凍酥皮3片、銀魚60克、蕃茄70克、披薩起司1大匙、雞蛋2個、鮮奶100c.c.
調味料：鹽1/2小匙

做法

1. 將雞蛋打入容器中，以打蛋器攪拌均勻，加入鮮奶拌勻成蛋液。
2. 銀魚洗淨瀝乾，蕃茄切碎，都加入蛋液內混合成餡料。
3. 取一烤皿，將酥皮剪成適當的寬度。（圖❶）
4. 在酥皮表面塗抹份量外的蛋液，待酥皮軟化後排入烤皿邊緣。（圖❷）
5. 倒入餡料，撒上起司絲。（圖❸）
6. 烤箱預熱170℃，將烤皿放入烘烤約20分鐘，確認蛋液凝固後即可取出。

媽咪育兒手札

如果蛋液還未凝固，但是酥皮卻已烤得金黃，這時可在材料表面蓋上一片錫箔紙，再繼續烘烤至蛋液熟了即可。

❶

❷

❸

蝦餅

媽咪的愛心蝦餅，不管何時都是全家的
最佳點心。

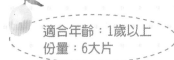

適合年齡：1歲以上
份量：6大片

材料　蝦仁300克、新鮮馬蹄75克、芹菜50克、魚漿300
克、春捲皮12張、橄欖油適量
調味料：薑末、蒜末、鹽、胡椒粉和細砂糖都適
量、米酒1大匙

做法
1. 蝦仁洗淨瀝乾，挑除腸泥，拍扁剁成泥。馬蹄拍
碎。芹菜切末。
2. 將蝦仁、馬蹄、芹菜和魚漿混合，加入調味料，
攪拌至出筋、有黏性。（圖❶）
3. 取適量的餡料抹在春捲皮上，以湯匙稍微弄平餡
料。（圖❷）
4. 蓋上另一片春捲皮，皮的邊緣要對齊。（圖❸）
5. 鍋燒熱，倒入橄欖油，以廚房紙巾將油抹開。放
入蝦餅煎至兩面都呈金黃，取出以廚房紙巾吸除
多餘的油，切片後可沾蕃茄醬食用。

媽咪育兒手札

這道料理受到全家人的喜愛，
通常我會一次製作半斤（300
克）的份量，然後以塑膠袋包
好放入冰箱冷凍保存。內餡只
使用蛋白質含量高的蝦仁和魚
漿，是學齡前幼兒補充體力的
最佳來源。

❶

❷

❸

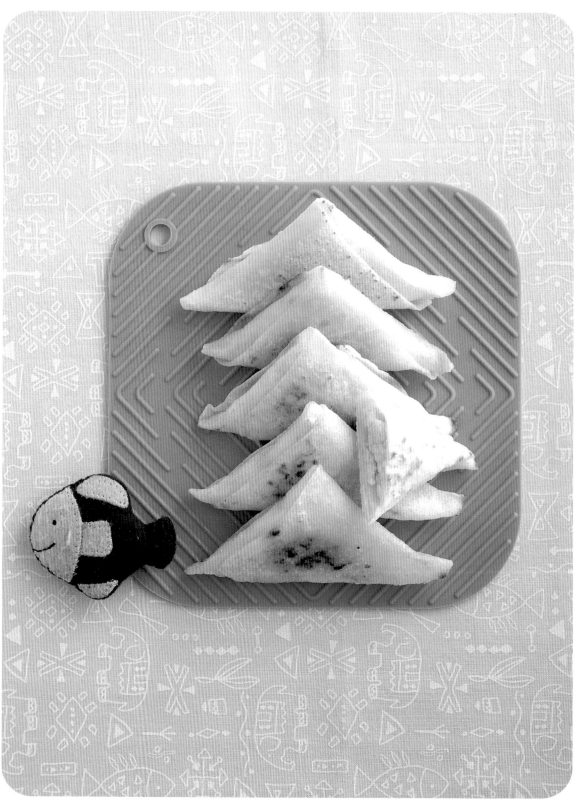

鱈魚餅

取肉質鮮嫩、富含蛋白質、鈣質、維生素E的
鱈魚做菜，小朋友吃了更聰明！

適合年齡：10個月以上
份量：10片

材料
鱈魚200克、太白粉1大匙、春捲皮5張、橄欖油3
大匙
調味料：鹽1/2小匙、白胡椒粉1/4小匙
麵糊水：麵粉1大匙、清水2小匙

做法

1. 將鱈魚的骨頭完全剔除，用捶肉棒將魚肉搗碎。
2. 將魚肉放入容器中，加入調味料和太白粉，仔細
   將材料拌至出筋、有黏性的泥狀，或以調理機攪
   打均勻成泥狀。（圖❶）
3. 春捲皮先對半切，每份再切掉邊緣圓弧的部分，
   裁成長條狀。（圖❷）
4. 將魚肉泥抹在餅皮上面，放上面一些。（圖❸）
5. 將餅皮先調折成一個三角，再向下對折，直到折
   到底為止。（圖❹❺）
6. 麵粉和清水調成麵糊，在餅皮邊緣沾上一點麵糊
   水黏住。（圖❻）
7. 鍋燒熱，倒入橄欖油，放入鱈魚餅，以中火慢慢
   煎至兩面都呈金黃，取出以廚房紙巾吸除多餘的
   油即可。

媽咪育兒手札
也可以在鱈魚泥裡面添加胡蘿
蔔碎或菠菜碎，讓鱈魚餅的顏
色、營養變得更豐富，纖維也
增加。

放上面

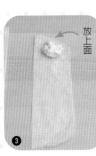

味噌鯖魚

施巧手以帶米香的味噌搭配鯖魚，騙過愛挑嘴的孩童。

適合年齡：1歲以上
份量：2～3人份

 材料　鯖魚1/2片、薑4片、橄欖油1大匙
調味料：味噌1大匙、味醂2小匙、清水3大匙

 做法
　1. 鍋燒熱，倒入橄欖油，先放入薑片爆香，續入鯖魚煎至兩面都呈金黃，取出魚肉和薑片。
　2. 將所有的調味料混合，倒入鍋中加熱，加入剛才煎好的鯖魚一起煮，煮至略收汁即可。

媽咪育兒手札
鯖魚是價格便宜卻營養價值高的魚類，含有豐富的DHA。據專家的研究指出，每週攝取3次含有DHA的魚類，可以活化腦力。魚類所含的養份可說是營養大寶庫。

紅燒豆腐旗魚

肉質較堅硬的旗魚以紅燒烹調，小朋友更容易咀嚼，更能輕易消化。

 材料 旗魚片150克、豆腐50克、蔥花1大匙、熟白芝麻粒1/2小匙
調味料：醬油1大匙、清水1/2杯（量米杯）、蔥1支、料理酒1小匙、橄欖油1小匙

 做法
1. 豆腐切塊狀。
2. 將調味料的材料混合均勻倒入鍋中，放入旗魚片加熱，待沸騰後轉小火，將旗魚片翻面。
3. 加入豆腐塊，蓋上鍋蓋煮至再次沸騰，盛盤後撒上蔥花、白芝麻粒即可。

 適合年齡：1歲以上
份量：2人份

媽咪育兒手札
旗魚的肉質比較硬，屬於耐煮型的魚類，適合以紅燒方式烹煮。此外，旗魚做的魚鬆多屬國產製品，值得推薦品嘗。

Part 4

吃飽飽的主食和湯

白飯、麵線、米粉和麵條都屬於會有飽足感的主食，可提供孩子活動時所需的熱量。年紀小的嬰幼兒可食用易咀嚼的粥類、軟爛的飯；年紀稍大點的小朋友選擇性更多，義大利麵、炊飯都是好選擇。在湯類的單元中，選擇了高營養價值的食材，設計濃湯、清湯，媽咪可挑選當季蔬果烹調。另有讓小朋友可輕易嘗試的中藥湯品，給孩子換換口味。

鮪魚糙米炊飯

糙米保留了白米沒有的米糠和胚乳，是讓孩子攝取到更多營養的關鍵。

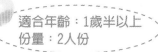

適合年齡：1歲半以上
份量：2人份

 材料
新鮮鮪魚120克、糙米1杯（量米杯）、清水1杯半（量米杯）、四季豆35克、雞蛋1個
調味料：鹽1/2小匙、橄欖油1小匙

 做法
1. 糙米洗淨瀝乾，放入內鍋，倒入清水。
2. 鮪魚洗淨切片，排放在糙米的上面。
3. 蓋上電子鍋鍋蓋，選擇「糙米」鍵，按「炊飯」鍵加熱。
4. 四季豆摘除頭尾和硬鬚，切小段再切成細絲，放入滾水略汆燙後撈起。
5. 雞蛋打散，當糙米飯加熱完畢後打開鍋蓋，取出鮪魚，立刻倒入雞蛋，再蓋上鍋蓋，利用餘溫燜約10分鐘。
6. 將鮪魚用筷子或叉子搗碎，和四季豆、調味料撒在飯上面，用飯匙翻拌均勻後即可。

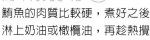

媽咪育兒手札
鮪魚的肉質比較硬，煮好之後淋上奶油或橄欖油，再趁熱攪散，讓寶寶易於入口咀嚼。

南瓜雞丁燴飯

親愛的媽咪，早點讓孩子認識甜甜南瓜的美味和營養吧！

適合年齡：1歲半以上
份量：2人份

 材料　雞肉150克、蛋白1/2個、南瓜100克、橄欖油1小匙、青豆仁75克、白飯1碗

調味料：市售奶油濃湯塊20克

 做法
1. 雞肉切小丁，放入蛋白裡醃著。
2. 南瓜去皮去籽後切小丁。
3. 鍋燒熱，倒入橄欖油，先放入雞肉丁快炒，再加入南瓜、適量的清水，煮到沸騰。
4. 加入濃湯塊，攪拌至湯塊均勻溶化並呈濃稠，即成雞肉南瓜醬。
5. 青豆仁放入滾水汆燙，撈起後搭配飯和雞肉南瓜醬食用。

媽咪育兒手札
這道菜中的雞肉，可選購雞腿肉的部位，口感會比較軟嫩。甜豆莢切小段，也讓幼兒方便品嘗，不會哽到。

雞卷炊飯

肉質鮮嫩且香噴噴的雞腿配飯，讓孩子們更加愛上吃飯。

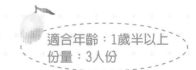

適合年齡：1歲半以上
份量：3人份

材料

糙米2杯（量米杯）、清水3杯（量米杯）、去骨雞腿肉1隻、蔥1支、薑3片
調味料：鹽1/2小匙、白胡椒粉1/4小匙、料理酒1小匙

做法

1. 糙米洗淨瀝乾，放入內鍋，倒入清水。
2. 蔥切段。薑切片。去骨雞腿肉攤開，兩面撒上調味料和蔥、薑。（圖❶）
3. 雞腿肉包裹住餡料慢慢捲起。（圖❷）
4. 以棉線綑綁好捲好的雞腿。（圖❸）
5. 將雞卷放在糙米上面，移入電子鍋中。蓋上鍋蓋，選擇「糙米」，再按下「炊飯」鍵進行加熱。（圖❹）
6. 取出雞卷，待降溫後切薄片，搭配米飯即可。

媽咪育兒手札

蔥薑的味道比較辛辣，如果小朋友不喜歡，可以減量或省略不放。

焗烤茄醬飯

酸甜滋味的蕃茄醬，是孩童們最容易接受的醬汁！

適合年齡：1歲半以上
份量：2人份

材料 洋蔥60克、蕃茄250克、白飯2碗、橄欖油1大匙、
豬絞肉100克、披薩起司2大匙
調味料：蕃茄醬4大匙、料理酒1大匙、黑胡椒粉
1/4小匙、義大利綜合香料1/2小匙

做法
1. 洋蔥切碎。
2. 在蕃茄底部劃一道淺淺的十字，放入滾水中汆
   燙，直到皮翻起後關火。待降溫，取出蕃茄把皮
   剝掉，果肉的部分切碎。（圖❶）
3. 鍋燒熱，倒入橄欖油，先放入洋蔥炒香，續入絞
   肉炒，然後加入蕃茄和調味料，炒至略收汁就關
   火，即成蕃茄肉醬。（圖❷）
4. 將白飯舀入烤皿，淋上約3大匙的蕃茄肉醬，表面
   撒上披薩起司。（圖❸）
5. 烤箱預熱180℃，將烤皿放入烘烤約15分鐘，取出
   略降溫即可食用。

媽咪育兒手札
可以一次製作大量的基本蕃茄
醬料，分小袋包裝後冷凍保
存。每次要製作好吃的茄醬料
理時，就可以輕鬆地自冰箱取
出退冰，再加入肉類或海鮮拌
炒即可。若小朋友不喜歡洋蔥
碎，可以省略不加。

貝殼義大利麵

貝殼形狀的義大利麵，小朋友們邊吃邊玩。

適合年齡：1歲半以上
份量：2人份

材料 貝殼義大利麵50克、熟酪梨100克、紅甜椒35克、
熱狗2支、橄欖油1小匙
調味料：原味優格100克

做法
1. 煮一鍋滾水，加入少許份量外的鹽，放入貝殼麵煮到麵略軟但仍有彈性，大約7分鐘。
2. 撈起貝殼麵放入容器中，拌入優格、橄欖油。
3. 酪梨去皮切塊。熱狗切小段。紅甜椒切小塊。
4. 將酪梨、熱狗和紅甜椒拌入貝殼麵中即可。

媽咪育兒手札

1. 這是一道適合在夏季品嘗的冰涼料理，優格的酸甜味讓酪梨增添風味。若小朋友不喜愛酪梨，不妨改用其他水果替代。
2. 煮貝殼麵時，可參照你所購買的品牌包裝袋上烹調說明，依品牌煮的時間略有差異。

 ## 營養Memo

原味優格（Yogurt）
乳製品中加入了乳酸菌，固體狀就成為優格。市售的低脂原味優格所含糖量較少，適量食用不至於導致肥胖，而且它能夠幫助腸胃蠕動，有效解決小朋友便秘的情況。優格通常可以當作生菜沙拉，或搭配果醬，當作點心食用。

豆腐茄醬筆尖麵

豆腐是最優質的植物蛋白質，除了給孩子們添加營養，大人也可食用。

適合年齡：1歲半以上
份量：2人份

材料 蕃茄250克、茄子60克、傳統豆腐110克、義大利筆尖麵60克、橄欖油1大匙、帕米森起司粉（Parmesan Cheese Powder）2大匙
調味料：鹽1小匙、料理酒1大匙、黑胡椒粉1/4小匙

做法

1. 在蕃茄底部劃一道淺淺的十字，放入滾水中汆燙，直到皮翻起後關火。待降溫，取出蕃茄把皮剝掉，果肉的部分切碎。（圖❶）
2. 茄子切小丁。傳統豆腐用湯匙背或刀背壓碎。（圖❷）
3. 鍋燒熱，倒入橄欖油，放入豆腐略炒，加入調味料、蕃茄碎和茄子翻炒，直到略收汁後關火，即成豆腐茄醬。（圖❸）
4. 煮一鍋滾水，加少許份量外的鹽，放入筆尖麵煮到略麵軟但是仍有彈性，大約7分鐘，撈起。（圖❹）
5. 將筆尖麵放入容器中，加入約3大匙的豆腐茄醬，拌勻後撒上起司粉即可。（圖❺）

媽咪育兒手札

義大利麵的種類很多，像是貝殼麵、車輪麵、捲麵、蝴蝶麵等等，建議讓小朋友自行挑選，可以增加他們用餐的樂趣喔！更期待吃飯時刻的到來。

鱸魚糙米粥

刺較大、易去骨的鱸魚肉質較細嫩,很適合給孩童食用。

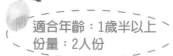
適合年齡:1歲半以上
份量:2人份

材料　鱸魚腹120克、胡蘿蔔15克、青豆仁15克、糙米1/2杯（量米杯）、清水3杯（量米杯）
調味料:鹽1/2小匙、冷壓芝麻油1小匙

做法
1. 鱸魚洗淨。胡蘿蔔磨成泥。青豆仁壓扁。
2. 糙米洗淨瀝乾,放入內鍋,倒入清水,加入胡蘿蔔泥和青豆仁,再放上鱸魚。
3. 外鍋倒入1杯水,按下開關蒸熟。
4. 取出煮好的粥品,加入調味料拌勻,鱸魚用叉子搗碎即可食用。

媽咪育兒手札 🐰

鱸魚的肉質相當軟嫩,非常適合剛長牙的小寶寶。麻煩熟識的魚販幫忙,先將鱸魚腹片下用來烹調;魚頭和骨頭的部分可以留下來熬高湯。

廣東粥

用營養的雞骨高湯來煮粥，香甜的粥連
媽咪都想分一口。

適合年齡：1歲以上
份量：2人份

 材料　薄片豬肝3片、雞骨高湯400c.c.、白米1/3杯（量米
杯）、蛋白1/2個
調味料：鹽1/2小匙
配料：蔥花1大匙、薑絲適量

 做法　1. 豬肝先以蛋白醃一下。雞骨高湯做法參照p.38。
2. 白米洗淨瀝乾，浸泡在高湯內1個小時，然後以大火
煮沸再轉小火，半掩鍋蓋續煮約20分鐘，中途要記得
不時攪拌，以免米黏鍋底。
3. 起鍋前加入豬肝，蓋上鍋蓋將豬肝煮熟後關火。
4. 待粥降溫，取一半份量的粥底放入果汁機中打成糊，
再倒回和原粥混合，最後加入調味料拌勻，撒上蔥
花、薑絲即可。

媽咪育兒手札 🐰
建議將豬肝切成一口大小，可
以提高小朋友品嘗的意願。豬
肝是營養價值極高的肉品，購
買時務必選購合格認證的產
品，可以確保豬肝的純淨。

絲瓜海味麵線湯

不要小看絲瓜含的豐富纖維質，它可以讓孩子
們排便更順暢！

適合年齡：1歲半以上
份量：2人份

 材料 絲瓜200克、干貝1顆、清水300c.c.、細麵線60克、
蛤蜊100克、魩仔魚1大匙
調味料：鹽少許

 做法
1. 絲瓜去皮去囊切小段。蛤蜊泡鹽水使其吐沙。
2. 干貝浸泡在清水中直到軟化，加熱煮至沸騰。
3. 加入絲瓜、蛤蜊以及魩仔魚再次煮滾，最後放入麵
   線，待煮熟後先確認湯汁的鹹淡，再決定是否添加鹽
   調味。
4. 食用前取出蛤蜊殼。

媽咪育兒手札
麵線的製作過程中一定都會加
入鹽，所以在烹調麵線時，務
必先確認鹹淡後再調味。

鯛魚米粉湯

脂肪含量低、肉質細嫩易咀嚼的鯛魚，可幫助攝取優質蛋白質。

適合年齡：1歲半以上
份量：2人份

 材料　鯛魚片1片、粗米粉1把、芋頭35克、新鮮香菇1朵、蔬菜高湯600c.c.
調味料：鹽1/2小匙、白胡椒粉1/4小匙、冷壓芝麻油1小匙
配料：菠菜末1大匙

 做法
1. 芋頭刨絲，放入滾水中略汆燙後撈起。香菇切小片。粗米粉泡溫水軟化。
2. 蔬菜高湯做法參照p.81。將蔬菜高湯倒入鍋中，先放入粗米粉煮軟，再放入芋頭、香菇和鯛魚片，加入調味料。
3. 最後加入菠菜末煮沸即可。

媽咪育兒手札
米粉軟化後切小段，讓寶寶更容易入口。芋頭刨成絲，也可以讓厚重的感覺消失，讓寶寶不知不覺吃下去。

咖哩烏龍麵

滑溜溜的烏龍麵、可愛圖案的魚板，誰說小寶貝不吃飯？

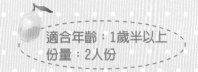

適合年齡：1歲半以上
份量：2人份

材料 蔬菜高湯100c.c.、胡蘿蔔35克、馬鈴薯60克、洋蔥35克、清水600c.c.、烏龍麵1/2包（約100克）、豆腐35克、兒童魚板62片、竹輪3片
調味料：兒童甜咖哩塊10克

做法
1. 蔬菜高湯做法參照p.81。
2. 胡蘿蔔、馬鈴薯和洋蔥都去皮後切小塊，放入滾水中汆燙，撈出放入鍋中，倒入清水，煮至完全熟透。
3. 確認湯鍋內的水量約為原來的一半，放入咖哩塊，注意要邊煮邊不時攪拌，以免黏鍋底，煮至沸騰後關火。
4. 待咖哩降溫，全部倒入果汁機打成泥，即成咖哩湯底。
5. 另備一鍋滾水，放入烏龍麵、豆腐、魚板和竹輪燙熟，撈起放入湯碗，倒入蔬菜高湯，舀入適量的咖哩湯底即可。

媽咪育兒手札
甜甜的咖哩是多數小朋友的最愛，搭配QQ的魚板和竹輪，更能夠提升小朋友的食慾。

營養Memo

咖哩（Curry）
一般市售咖哩塊依口味有加入辛香料而偏辣，以及加入水果、椰奶等偏甜的產品。如果是給小朋友食用，建議選擇口味溫和、偏甜的咖哩，較易入口。咖哩特殊的口味有促進食慾的效果，家中孩童胃口差時，可嘗試以咖哩烹調料理。而咖哩內所含的薑黃素，則有幫助傷口癒合的效果。

皇帝豆濃湯

青綠色的濃湯顏色好特別，還有大量的蛋白質，幫助孩子長肉和皮膚。

適合年齡：8個月以上
份量：2人份

 材料　皇帝豆120克、青豆仁60克、馬鈴薯60克、燕麥1/4杯（量米杯）、清水650c.c.
調味料：鹽1/2小匙

 做法
1. 燕麥洗淨瀝乾，浸泡在清水內1個小時。馬鈴薯去皮後切成小丁。
2. 將所有材料倒入鍋中，先以大火煮沸，再轉小火半掩鍋蓋續煮約15分鐘。
3. 待湯降溫，將煮好的材料倒入果汁機中打成濃湯狀，加入鹽調味即可。

媽咪育兒手札

不只是皇帝豆和青豆，也可以使用蠶豆、毛豆。豆類的蛋白質含量豐富，纖維足夠，偏偏小朋友不愛吃，建議可將豆子煮熟打成泥，搭配營養的馬鈴薯和燕麥，好吃的程度絕對會讓小朋友驚訝！

蕃茄蔬菜湯

這是一道西式口味的經典蕃茄湯，能同時嘗到各類蔬菜，連討厭的芹菜都隱藏在其中。

適合年齡：1歲半以上
份量：3～4人份

材料　蕃茄300克、洋蔥35克、西洋芹50克、胡蘿蔔35克、茄子1/2支、地瓜120克、月桂葉2片、清水600c.c.、橄欖油1小匙

調味料：鹽1/2小匙、義大利綜合香料1/2小匙、酒1小匙、橄欖油1小匙

媽咪育兒手札 🐰
蔬菜湯是我的元氣湯，我會在最後加入煮熟的紅腰豆，增加整道料理的蛋白質含量。也可以搭配切成小塊的牛肉熬煮，營養價值更提高。

做法

1. 在蕃茄的底部劃一道淺淺的十字，放入滾水中汆燙，直到皮翻起後關火。待降溫，取出蕃茄把皮剝掉，果肉的部分切碎。

2. 洋蔥、西洋芹、胡蘿蔔、茄子和去皮地瓜都切成相同大小的丁狀。

3. 鍋燒熱，倒入橄欖油，放入蕃茄碎、洋蔥、西洋芹、胡蘿蔔、茄子和地瓜炒香。

4. 倒入清水，加入月桂葉，先以大火煮沸，再轉小火半掩鍋蓋續煮約20分鐘，最後加入調味料拌勻即可。

西洋芹玉米濃湯

帶特殊根菜味的西洋芹含有胡蘿蔔素和
多種維生素，是天然的健康食材。

適合年齡：1歲以上
份量：2人份

材料

馬鈴薯180克、橄欖油1小匙、西洋芹75克、胡
蘿蔔35克、玉米粒100克、清水300c.c.、鮮奶
100c.c.

調味料：鹽1小匙

配料：蔥花適量

做法

1. 馬鈴薯洗淨，連皮放入鍋中煮熟，取出待降溫後剝皮，切成小塊。
2. 西洋芹和胡蘿蔔都切小丁。
3. 鍋燒熱，倒入橄欖油，先放入西洋芹、胡蘿蔔，續入玉米粒略炒，倒入清水煮沸騰。再加入馬鈴薯塊，先轉中小火保持沸騰，續煮約5分鐘。
4. 加入調味料和鮮奶，煮沸騰後關火。待降溫後倒入果汁機打勻，可加入蔥花食用。

媽咪育兒手札

1. 製作這道湯品的重點是一定要用橄欖油將西洋芹、胡蘿蔔炒香，可以軟化蔬菜，更可以讓香氣散出。
2. 建議過濾後再給8個月以上的寶寶品嘗。

冬瓜蛤蜊湯

少見的冬瓜濃湯，是開發給小朋友的
新菜色！

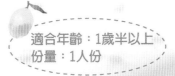

適合年齡：1歲半以上
份量：1人份

材料

冬瓜200克、薑1片、清水100c.c.、蛤蜊200克
調味料：鹽1/2小匙

做法

1. 冬瓜去皮切小塊，和薑片一起放在盤內，移入
   電鍋，外鍋倒入1杯水，按下開關蒸熟。
2. 取出冬瓜肉放入果汁機，加入清水打成泥狀。
3. 將冬瓜泥倒入鍋中，加入已泡鹽水吐沙的蛤蜊
   煮沸騰，最後加入鹽調味，拌勻後即可食用。

媽咪育兒手札

冬瓜打成泥，搭配小朋友超喜愛的蛤蜊，可以提高
品嘗的意願。尤其是在炎熱難耐的季節，最適合製
作這道料理。

大麥蔬菜湯

白米、麵包以外，麥片也是不錯的主食，
這裡則成為湯料。

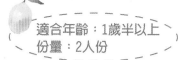
適合年齡：1歲半以上
份量：2人份

 材料　生麥片75克、橄欖油1小匙、西洋芹35克、胡蘿蔔35克、
洋蔥35克、玉米粒50克、青豆仁35克、清水600c.c.
調味料：鹽1/2小匙

 做法
1. 生麥片洗淨，浸泡清水至少4個小時，撈出瀝乾。西
洋芹、胡蘿蔔和洋蔥都切小丁。
2. 鍋燒熱，倒入橄欖油，先放入西洋芹、胡蘿蔔和洋蔥
炒香，續入生麥片、玉米粒、青豆仁和清水，蓋上鍋
蓋煮至沸騰，再轉小火續煮約15分鐘。
3. 確認麥片已經軟化，加入調味料即可。

媽咪育兒手札 🐰
麥片的營養價值高、蛋白質豐
富，與蔬菜類食材共煮，可以
有互補的作用。麥片煮好之後
湯汁會呈現濃稠的狀態，不需
要勾芡，就有滑順的口感。

鱸魚椰奶巧達湯

加入了椰奶的異國風湯品，偶爾讓孩子
們換個口味吧！

 材料 胡蘿蔔100克、洋蔥35克、蘑菇60克、清水300c.c.、橄
欖油1小匙、鱸魚200克、熟糙米1/2碗（約60克）、椰奶
200c.c.、香菜葉少許

調味料：鹽1小匙

 做法

1. 胡蘿蔔切小丁。洋蔥、蘑菇都切小塊。
2. 將胡蘿蔔、清水倒入鍋中，煮至胡蘿蔔軟化，待降溫後整
   鍋倒入果汁機打成胡蘿蔔汁。
3. 鍋燒熱，倒入橄欖油，先放入魚煎熟，再入洋蔥、蘑菇炒
   香，然後倒入胡蘿蔔汁、糙米煮至沸騰。
4. 倒入椰奶、調味料略拌勻，加入香菜葉即可。

適合年齡：1歲半以上
份量：2人份

媽咪育兒手札 🐰

只需準備一道料理就涵蓋了米
飯、主食和蔬菜，這是多數媽
咪的心願，有點南洋風味又帶
著西式料理的作風，應該是餐
桌上讓寶貝眼睛一亮的菜餚。

鮭魚味噌湯

高營養的味噌湯加入富含DHA、各類礦物質的鮭魚，是孩子們一天活力的來源。

 材料　嫩豆腐50克、去骨鮭魚片150克、薑1片、清水400c.c.
調味料：味噌1大匙
配料：柴魚片1小匙、蔥花1小匙

 做法
1. 嫩豆腐切小塊。
2. 將鮭魚、薑和清水倒入鍋中，煮至沸騰後取出薑片。
3. 舀出一碗煮好的魚湯和味噌混合攪勻，再倒回鍋內，放入嫩豆腐，再次煮沸騰後關火。
4. 撒上柴魚片、蔥花即可。

 適合年齡：1歲以上
份量：2人份

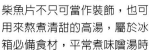 媽咪育兒手札
柴魚片不只可當作裝飾，也可用來熬煮清甜的高湯，屬於冰箱必備食材，平常煮味噌湯時也要記得添加喔！

絲瓜肉茸湯

切碎的細絞肉有利於咀嚼，很適合幼兒
食用。

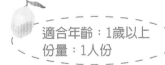

適合年齡：1歲以上
份量：1人份

 材料 絲瓜1/2個、豬絞肉50克、豆腐50克、豬骨
高湯300c.c.
調味料：鹽1/2小匙、橄欖油1/2小匙

 做法
1. 豬骨高湯做法參照p.37。
2. 絲瓜去皮後切兩半，以小刀或湯匙把中間的部分挖除。
3. 將豬絞肉放入料理機再次攪成泥。取出肉泥，放入豆腐、
   調味料混合成餡料。
4. 將豬肉內餡塞入絲瓜圈內，淋上豬骨高湯，移入電鍋，外
   鍋倒入1杯水，按下開關蒸熟即可。

 媽咪育兒手札
絲瓜煮熟之後非常軟爛、易咀
嚼且好消化，是很適合當作搭
配幼兒主食的菜餚。

菱角當歸湯

這是道補充鐵質的中藥湯品，可從易入口的當歸讓孩子們嘗試中藥。

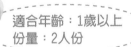
適合年齡：1歲以上
份量：2人份

材料
菱角100克、當歸2錢、枸杞2錢、黃耆1錢、紅棗1錢、豬小排200克、清水600c.c.
調味料：鹽1/2小匙、醬油1小匙、冰糖1小匙

做法
1. 菱角剝掉外殼。當歸、枸杞、黃耆和紅棗都洗淨。
2. 將豬小排放入滾水中略汆燙，撈起後放入湯鍋，先加入清水，再加入藥材、菱角。
3. 先以大火煮沸，再轉小火半掩鍋蓋續煮約15分鐘，加入調味料即可。
4. 湯汁可給寶寶喝，湯料則給成人或較大的幼童食用。

媽咪育兒手札

當歸補血的作用強，因此針對臉色蒼白、不吃肉的小朋友，可以試著製作當歸湯，以增加紅潤的氣色。

清燉水梨牛肉湯

水梨可軟化牛肉，易於咀嚼，喝水梨湯還能
止咳化痰。

適合年齡：1歲半以上
份量：2人份

 材料　牛腩200克、水梨200克、薑2片、橄欖油1小匙、清水
1,500c.c.
調味料：川貝2錢、鹽1/2小匙

 做法
1. 將整條牛腩放入滾水中略汆燙，撈起切小塊。水梨連皮切
   塊，去除籽。
2. 鍋燒熱，倒入橄欖油，先放入薑片炒香，續入牛腩略炒，
   加入清水、水梨，先以大火煮沸，再轉小火半掩鍋蓋續煮
   約30分鐘，或者只要確認牛肉已軟化即可。
3. 加入調味料再續煮約10分鐘即可。
4. 湯汁可給寶寶喝，湯料則給成人或較大的幼童食用。

媽咪育兒手札

煮牛肉的時間與肉的份量、火
候全都息息相關，媽咪可自行
斟酌烹調時間。使用壓力鍋可
迅速將牛肉煮至軟爛，也是不
錯的選擇。若家中小朋友並無
咳嗽不癒的症狀，川貝可以省
略不放。

清燉蔘鬚雞湯

以微甘苦的蔘鬚煮湯,喝了生津止渴,還能有效預防咳嗽。

 材料　帶骨雞腿肉1隻、清水300c.c.、蔘鬚2錢、薑2片、蔥白1支
調味料:鹽1/2小匙

 做法
1. 蔥白切小段。
2. 將雞腿肉放入滾水中略汆燙,撈起放入湯盅。
3. 倒入清水和蔘鬚、薑、蔥白,蓋上錫箔紙。
4. 將湯盅移入電鍋,外鍋倒入3杯水,按下開關蒸熟,取出蔘鬚、薑、蔥白,加入鹽調味即可。

媽咪育兒手札 🐰

薑和蔥白的味道比較辛辣,若家中小朋友不喜歡,可以減量。蔘鬚是補元氣最佳的藥材,但是不適合在身體出現發炎症狀時食用。

幼兒可以吃中藥嗎？

本書中介紹的藥膳料理、飲品，幾乎都是溫補性質的中藥，適合一般體質的人來品嘗。中醫認為嬰兒屬於「極陽體質」，因此給1歲以內的嬰幼兒進行藥膳食療之前，務必經過合格中醫師的診斷，但是偶爾品嘗藥膳料理，就不需特別透過中醫師的認可，畢竟寶寶的食量和胃口有限，純粹只是淺嘗。而製作藥膳料理之前，記得選擇合格有品質保證的中藥材！

藥材保存方面，平常應該分門別類放置在冰箱冷凍庫保存，可以確保藥材的新鮮度。若有必要，可以在保存袋上標示清楚的購買日期、藥品名稱和主要療效，以免因平常忙碌或時日久遠而遺忘。

食用藥膳料理、飲品前的5個注意事項

經由中醫師認可，確認沒有使用上的禁忌時，即可放心製作。但是記得中藥飲品只能當作飲料，並沒有特別宣揚藥效，所以切勿勉強寶寶飲用多少量，以免造成寶寶不愉快的品嘗經驗。以下5點，是給寶寶藥膳料理前要注意的事：

1. 寶寶滿1歲以上再給與藥膳料理。
2. 若寶寶屬於特殊體質，在決定製作藥膳料理前先詢問合格中醫師。
3. 家長或照顧者需控制第一次給與的量，並且觀察寶寶有無過敏反應。
4. 盡量在午餐時段食用，並避免在晚餐品嘗藥膳，有些寶寶對藥膳的補性敏感，恐怕會造成精神亢奮而影響睡眠。
5. 偶爾品嘗藥膳料理即可，不可天天食用、飲用。寶寶身體若出現發炎症狀，包括感冒發燒、過敏、牙疼或皮膚出疹子等症狀時，需停止並立即請教醫師。

當歸

枸杞

山藥蓮藕四神湯

冬天補元氣的四神湯，食用後更有活力。

適合年齡：1歲半以上
份量：2人份

 材料　四神湯藥材（蓮子、芡實、薏仁和淮山）1份、新鮮山藥75克、蓮藕1/2節（約65克）、豬骨高湯1,000c.c.

調味料：鹽1/2小匙、枸杞1小匙、紅棗10顆

 做法

1. 將四神湯藥材內的蓮子和淮山取出，另放一個碗，其餘兩種藥材洗淨，浸泡溫水約1個小時。
2. 蓮子洗淨，只需浸泡約10分鐘。淮山洗淨後不需浸泡。
3. 豬骨高湯做法參照p.25。新鮮山藥、蓮藕去皮後都切小塊。
4. 將山藥、蓮藕放入鍋中，倒入豬骨高湯，放入四神湯藥材，先以大火煮沸，再轉小火半掩鍋蓋續煮約30分鐘。
5. 加入調味料，再煮約10分鐘即可。
6. 湯汁可以給寶寶喝，湯料可以給成人或較大的幼童食用。

媽咪育兒手札

四神湯的傳統食材是添加豬腸，但是豬腸的處理對很多新手媽咪而言很困難，因此建議改用植物類食材，並以豬骨高湯熬煮，風味不變，脂肪卻變少了。

 ----- 營養 *Memo* -----

蓮藕（Lotus Root）

蓮藕含有豐富的維生素C和礦物質鐵，有補血、增加元氣和助於睡眠的功效。蓮藕最方便的食用方法是打成蓮藕汁（參照p.28），只要6個月以上的幼兒幾乎都可以食用。如果幼兒咳嗽，也可以飲用蓮藕汁。

Part 5

美味的學校、郊遊午餐便當

你能想像寶寶戴著帽子、揹著水壺、穿著制服準備參加幼稚園校外教學的可愛模樣嗎？當爸媽的通常都和寶寶一樣興奮吧？如何讓寶寶的校外教學更加圓滿，午餐的便當是個重點，媽咪務必要用心來製作喔！

海鮮烏龍麵便當

利用魚板、香菇排成可愛的卡通圖案，
吸引小朋友的目光，整個便當吃光光。

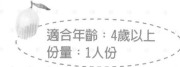

適合年齡：4歲以上
份量：1人份

 材料

新鮮香菇1/2朵、甜豆莢8片、胡蘿蔔3片、新鮮蝦
仁75克、魚板1片、烏龍麵1/2包（約100克）
調味料：鰹魚粉1/2小匙、鹽1/2小匙

 做法

1. 香菇、甜豆莢和胡蘿蔔都切小片狀，放入滾水中
   汆燙，撈起瀝乾。
2. 蝦仁挑除腸泥後，和魚板、烏龍麵放入滾水中汆
   燙，撈起瀝乾。
3. 將香菇、甜豆莢和胡蘿蔔，以及蝦仁、魚板和烏
   龍麵混合，加入調味料拌勻。
4. 將烏龍麵放入便當盒內，邊緣排上甜豆莢，再利
   用魚板、香菇和蝦仁排成可愛的圖案即可。

媽咪育兒手札

遇到忙碌的上班日子，卻又不
想讓小朋友失望，這時準備一
個烏龍麵便當準沒錯！只要將
冰箱現有的食材拿來使用，就
成了營養豐富、飽足感十足的
餐點。

營養Memo

蔬菜（Vegetables）

許多蔬菜含有特殊的氣味，是小朋友們
排斥的最大主因。像胡蘿蔔雖帶點生腥
味，但其所含的胡蘿蔔素，可保護孩子
的眼睛；香菇雖帶點土味，但富含的維
生素B1、B2和菸鹼酸，可維持神經系
統的健康和腦部發育。

燒賣便當

絞肉是孩子們最愛的料理之一，趁機加入豆類做成餡料，補充營養。

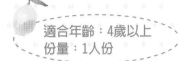
 材料
燒賣皮（餛飩皮）10片、豬絞肉100克、馬蹄45克、熟毛豆仁4顆
小魚30克、綠花椰菜15克、白飯1碗、熟白芝麻粒少許
調味料：鹽1小匙、鮮雞粉1/2小匙、細砂糖少許、白胡椒粉少許、香麻油1/2小匙、料理酒1/2小匙

 做法

燒賣

1. 馬蹄拍碎，切成末。綠花椰菜切成小朵。
2. 將豬絞肉、馬蹄碎和調味料混合，順同一個方向攪拌至出筋、有黏性，即成餡料。
3. 取燒賣皮放在手上，填入適量的內餡。（圖❶）
4. 以大拇指和食指掐一下皮，做出燒賣。（圖❷）
5. 蒸鍋內的水煮沸騰，排入燒賣，以大火蒸12～15分鐘至熟。

❶

❷

小魚飯

將小魚和綠花椰菜放入滾水中汆燙，撈起瀝乾後和白飯混合拌勻。

組合

取出燒賣擺入便當盒內，表面以熟毛豆仁點綴。另一邊則填入小魚飯，表面撒上白芝麻粒即可。

媽咪育兒手札

家庭自製的燒賣，搭配小朋友喜愛的小魚飯，當然別忘了把蔬菜的元素加進來，營養滿分、美味加倍！

 營養 *Memo*

綠花椰菜（Broccoli）
一年四季都很常見、價格便宜的綠花椰菜，是含有豐富鈣質的綠色蔬菜，它能幫助調節骨質的鈣化，讓骨骼長得好。其他如維生素C、葉酸和錳等，可幫助細胞分裂，有利於新細胞的生長。

鮭魚菠菜飯糰便當

最優質的魚肉搭配好處多的蔬菜，這個便當
營養價值高。

適合年齡：4歲以上
份量：1人份

材料 鮭魚1/2片、鹽少許、白飯1碗、菠菜葉8片、小蕃
茄8顆
配料：小蕃茄6顆

做法 鮭魚菠菜飯糰

1. 將鮭魚切一半，兩面都塗抹上些許鹽，放在烤盤
   上。烤箱預熱170度，放入鮭魚烘烤15分鐘。烤好
   之後表面蓋上錫箔紙，繼續放在烤箱內可保溫。
2. 白飯分成兩等份。
3. 大片的菠菜葉片，放入滾水中快速汆燙後取出。
   （圖❶）
4. 每3～4片菠菜葉連在一起，不可弄破菠菜葉。
   （圖❷）
5. 將鮭魚肉包入白飯中。（圖❸）
6. 用菠菜葉將鮭魚飯糰外圍包起。（圖❹）

組合

將鮭魚飯糰放入便當盒，另一個便當盒放小蕃茄即可。

媽咪育兒手札
用菠菜葉取代海苔片，也是一
種創意的方法，而鮭魚搭配米
飯，永遠都非常對味！

144

炸熱狗生菜沙拉便當

小朋友最愛吃熱狗了，自己以乾淨的油炸的，
絕對安心食用。

 材料

熱狗2條、炸油適量

配料：小黃瓜1/2條、蔓越莓1小匙、胡蘿蔔
絲5克、草莓2顆

麵糊材料：鬆餅粉100克、蛋液40～50c.c.、
海苔粉1小匙、鹽少許

適合年齡：4歲以上
份量：1人份

媽咪育兒手札 🐰

利用有點甜味的鬆餅粉來調製
麵糊，讓炸熱狗吃起來甜甜又
鹹鹹，也是讓孩子們開胃的好
方法！

 做法　炸熱狗

1. 將鬆餅粉、蛋液、海苔粉和鹽放入攪拌盆內
   拌勻，即成麵糊。（圖❶）
2. 鍋內倒入炸油，慢慢加熱直到插入竹筷時，
   竹筷表面出現小氣泡。（圖❷）
3. 以竹籤插入熱狗，熱狗表面裹滿麵糊，輕輕
   放入油鍋中炸。（圖❸）
4. 待熱狗表面膨脹且呈金黃色，起鍋瀝乾油
   份。（圖❹）
5. 小黃瓜以波浪刀切片。胡蘿蔔刨成細絲。

組合

將小黃瓜、胡蘿蔔和蔓越莓放入小碗內後擺入便當盒
中，再將熱狗、草莓放入盒中。也可再另外準備原味優
格來搭配生菜和草莓。

 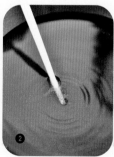  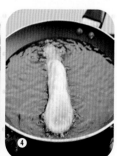

照燒雞肉米漢堡便當

將白飯變成米漢堡，搭配雞腿肉，吃得營養有體力。

材料
去骨雞腿1隻、白飯1碗、生菜葉3片、小蕃茄2顆、香菜葉少許、熟白芝麻粒少許、橄欖油1小匙
調味料：市售照燒醬1大匙

做法

照燒雞腿
1. 去骨雞腿兩面都均勻抹上照燒醬、橄欖油，醃漬約10分鐘。
2. 烤箱預熱170℃，將雞腿放入，帶皮的那一面向上，烘烤約20分鐘，不須翻面。烤好之後去皮，表面蓋上錫箔紙，繼續放在烤箱內保溫。

白飯糰
1. 白飯分兩等份，用力捏成圓球狀。（圖❶）
2. 生菜葉洗淨後甩乾，切成細絲。（圖❷）

組合
1. 將生菜葉鋪在便當盒底，照燒雞腿和白飯擺放在上面，雞腿的表面撒上白芝麻粒。
2. 放上小蕃茄、香菜葉搭配裝飾即可。

媽咪育兒手札

1. 媽咪也可以自己調配照燒醬，只要將3大匙味醂、5大匙醬油和1大匙糖攪拌均勻，直到糖完全溶解即可使用。
2. 簡單的燒烤，用了孩子喜歡的照燒口味，就是讓他們胃口大開的祕密！

牛肉蔬菜漢堡便當

家中有只吃肉的偏食小孩怎麼辦？試試將蔬菜藏入肉裡面吧！

適合年齡：4歲以上
份量：1人份

 材料

牛絞肉180克、胡蘿蔔15克、菠菜莖15克、橄欖油2小匙

蘋果60克、馬鈴薯90克、葡萄乾1小匙、美乃滋1/2大匙、小餐包2個

調味料：鹽、胡椒粉少許

 做法

漢堡肉

1. 胡蘿蔔切末。菠菜莖切碎。將牛絞肉、胡蘿蔔和菠菜混合，加入鹽、胡椒粉拌勻成漢堡肉餡料。（圖❶）

2. 將拌勻的餡料分成3等份，搓成橢圓長條狀，再稍微壓扁。（圖❷）

3. 鍋燒熱，倒入橄欖油，先放入漢堡肉，以小火慢慢煎至兩面呈金黃後起鍋，煎的時候可用鍋鏟稍壓平。（圖❸）

沙拉

1. 馬鈴薯去皮切小塊，放入滾水中汆燙至熟，撈起瀝乾。

2. 蘋果連皮切小塊，與馬鈴薯、葡萄乾和美乃滋拌勻成沙拉。

組合

餐包橫向切半，放入便當盒，再依序放入蔬菜漢堡肉和沙拉即可。食用時，可將漢堡肉夾在小餐包裡面。（圖❹）

媽咪育兒手札 🐰

1. 因為可以親自挑選上等的肉，所以我喜歡自製漢堡肉，還能添加對健康有益的調味料和蔬菜，讓孩子和家人吃得美味又健康。

2. 漢堡肉也可以利用電鍋來蒸熟，再放入平底鍋裡面煎一下。

海苔飯糰便當

用小朋友最愛的海苔包裹飯糰，白飯多了更多變化。

適合年齡：4歲以上
份量：1人份

 材料
新鮮香菇1朵、胡蘿蔔1小片、豬絞肉30克、橄欖油1/2小匙、白飯1碗、燒海苔1/2片、海苔魚鬆2小匙、甜豆莢6片、小蕃茄3顆
調味料：鹽、胡椒粉和鰹魚粉各少許

 做法

香菇盞

1. 新鮮香菇切去梗的部分。將豬絞肉混合少許鹽、胡椒粉、鰹魚粉和橄欖油，拌勻成餡料。（圖❶）
2. 將餡料塞入香菇內，表面擺入胡蘿蔔片放在盤內，移入電鍋，外鍋倒入1杯水，按下開關蒸熟成香菇盞。（圖❷）

蔬菜料

甜豆莢去頭尾和硬鬚，放入滾水中汆燙，撈起切半，撒入少許鹽調味。小蕃茄切片。

白飯糰

1. 白飯分成兩等份，放在保鮮膜上，飯內分別包入1小匙海苔魚鬆。（圖❸）
2. 扭緊保鮮膜，再將飯捏緊成圓球狀。（圖❹）
3. 將燒海苔剪一半，圍在白飯外面。

組合

排入香菇盞、甜豆莢、小蕃茄和白飯糰即可。

媽咪育兒手札

這是最標準也最具家庭味道的手捏壽司飯糰，只需要在校外教學的前一天晚上把米飯洗淨，並設定白米煮好的時間，早上起床以後就可以快速捏製喔！香菇盞也可以事先做好，冷藏保存。

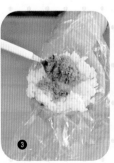

卡通豆皮壽司便當

每一個豆皮壽司都有不同的造型，專屬的可愛便當最討孩子的歡心。

適合年齡：4歲以上
份量：1人份

 材料　三角豆皮6片、醋飯1碗、蟹肉棒1/3段、小熊魚板1片、雞蛋1個、橄欖油少許、小黃瓜2片、葡萄乾2粒、小蕃茄1個、兒童起司1小匙
調味料：鹽少許

 做法　壽司飯和料

1. 醋飯做法參照右方的媽咪育兒手札1.。
2. 將蟹肉棒放入滾水中汆燙，取出切碎。
3. 將小熊魚板放入滾水中汆燙，取出。
4. 鍋燒熱，倒入橄欖油，倒入蛋液和鹽，以筷子快速炒散至蛋熟，即成鬆鬆蛋。
5. 將小蕃茄切碎，和兒童起司拌勻成蕃茄起司。

組合

1. 將醋飯填入豆皮內，先放入便當盒內，再於醋飯表面放上蟹肉、小熊魚板、鬆鬆蛋，組合成蟹肉、小熊、鬆鬆蛋豆皮壽司。
2. 另一邊的壽司飯上，分別放小黃瓜和葡萄乾、蕃茄起司，組合成鬆鬆蛋、青蛙、蕃茄豆皮壽司。

媽咪育兒手札

1. 醋飯的做法是將2大匙壽司醋和1大匙細砂糖，加入熱的2碗白飯中，攪拌至糖融化，再等飯涼即可使用。
2. 建議帶著幼兒一起選購用來搭配豆皮壽司的材料，挑選小朋友喜歡的材料準沒錯！

五色飯糰便當

巧手完成的火腿花，讓孩子吃飯時更多樂趣！

適合年齡：4歲以上
份量：2人份

材料

白飯2碗、火腿2片、胡蘿蔔15克、熟黑芝麻粒2大匙、海苔粉2大匙、紅豆粒餡30克、小蕃茄2個

做法

飯糰
1. 白飯分成6等份，捏緊成圓球狀。（圖❶）

火腿花
1. 火腿片修成正方形後輕輕對折，中間的部分切出數個1公分的刀痕。
2. 將切好的火腿片捲起，接縫處以牙籤固定起來。（圖❷）
3. 擺上一個蕃茄成1朵火腿花。（圖❸）

裝飾飯糰
1. 胡蘿蔔磨成泥，擠乾水份放入乾的鍋子裡快速炒過，起鍋。
2. 將6個飯糰分別裹上熟黑芝麻粒、海苔粉、胡蘿蔔泥和紅豆粒餡。（圖❹）

組合
將各種口味的飯糰擺入便當盒內，再放入2朵火腿花即可。

媽咪育兒手札

1. 胡蘿蔔可以利用擦菜板磨成泥。
2. 想要讓小朋友打開飯盒有驚喜的表情嗎？製作一個五彩繽紛的飯糰便當，裡面還有一個飯後甜點，是個有趣的設計。

❶ ❷ ❸ ❹

海苔蛋卷便當

各式模型是做便當不可缺的工具，可迅速完成可愛的飯糰。

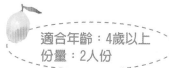

適合年齡：4歲以上
份量：2人份

媽咪育兒手札

製作煎蛋卷不一定要有煎蛋卷專用平底鍋，用一般的平底鍋也可以輕鬆製作，建議平底鍋的直徑大約18公分，會比較容易操作。

醋飯1碗、細柴魚鬆2大匙、熟黑芝麻粒少許、火腿絲少許、雞蛋2個、太白粉1小匙、清水15c.c.（1大匙）、燒海苔1/2片、橄欖油1小匙、竹輪2條、四季豆2根

配料：小蕃茄4顆

調味料：鰹魚粉1/2小匙

小熊飯糰

1. 醋飯做法參照p.153，將醋飯分成兩等份，放入小熊模型內。（圖❶）
2. 以另一塊型版用力壓入，倒出飯即成小熊飯糰。（圖❷）
3. 柴魚鬆撒在盤子上，小熊醋飯底部沾上柴魚鬆。放入便當盒內。以黑芝麻粒當作小熊眼睛，火腿細絲當作小熊嘴巴。

煎蛋卷

1. 雞蛋打散，加入鰹魚粉，太白粉和清水拌勻後倒入蛋液內混合。
2. 長方形煎鍋預熱，抹上橄欖油，先倒入1/3量的蛋液，搖動鍋子使蛋液形成長方形蛋片。（圖❸）
3. 鋪上尺寸相同的燒海苔片，將蛋皮慢慢捲起，捲到鍋的邊緣。（圖❹）
4. 繼續倒入蛋液，形成長方形蛋片後再捲起。（圖❺）
5. 直到蛋液倒完，鋪上燒海苔片，捲起成蛋卷。（圖❻）

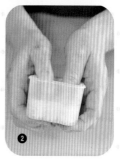

組合

1. 待蛋卷略降溫後切片，擺入便當盒，搭配小蕃茄、香菜葉做裝飾。
2. 將竹輪、四季豆都放入滾水中汆燙，撈起。每段竹輪切成4等份，塞入四季豆，擺入便當盒內。

料理變可愛了！

鬱金香DIY

材料
熱狗1支、牙籤（竹籤）1支

做法
1. 將熱狗如圖的虛線切開，當作「花朵」、「葉子」。
2. 在花朵部分如圖的虛線切好。
3. 以牙籤或竹籤將葉子和花朵組合起來。

小兔子DIY

材料
鑫鑫腸（短熱狗）1根、黑芝麻粒或巧克力豆等黑色食材

做法
1. 將鑫鑫腸如圖的虛線斜切2刀。
2. 留下「頭和身體」、「耳朵」兩部分。
3. 在耳朵部分如圖的虛線切好，即成耳朵。
4. 身體如圖的虛線斜切，但不要切斷，塞入耳朵片，最後加上眼睛即可。

許多平凡無奇的食材，只要多花一些時間，發揮創意，就能將食材可愛化，相信沒有小朋友可以逃得過它的魅力。以市售的熱狗、鑫鑫腸或小香腸為例，只要利用刀具牙籤，輕易能變化出多種卡通圖案，放在便當盒裡讓菜色更加有趣豐富，讓小朋友全部吃光光。幾個步驟將熱狗或鑫鑫腸變成小兔子、螃蟹、愛心和鬱金香，媽咪寶貝試試看吧！

愛心DIY

做法

1. 將鑫鑫腸如圖的虛線從中斜切1刀，使兩部分對稱。
2. 將兩部分排在一起。
3. 可多做幾個，隨意組成花朵圖案。

材料

鑫鑫腸（短火腿）2～3根

1.
中間斜切

2.
排在一起

3.
變成一朵花！

螃蟹DIY

做法

1. 將鑫鑫腸從中橫剖一半，當作「身體」、「螯」。
2. 在身體部分如圖的虛線切好，即成蟹腳。
3. 在螯部分如圖的虛線切好。
4. 以牙籤或竹籤固定組合即可。

1.
從中剖兩半
身體
螯

加牙籤

4.
以牙籤固定　以牙籤固定

材料

鑫鑫腸（熱狗）1根、牙籤（竹籤）2支

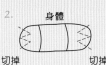
2. 身體
切掉　　切掉

3. 螯
切掉　　切掉

Part 6

下課後的手工零食和點心

自製的果凍美味又健康,選擇當令的季節水果,再搭配可愛造型的杯子,大人看了都想吃!給寶寶品嘗果凍的時候,可用叉子將果凍搗碎,再以湯匙小口小口餵食,避免幼兒尚未咀嚼就吞下的情況發生。

果凍和
布丁類

蘋果胡蘿蔔果凍
紫火龍果凍
玉米牛奶凍
黃蕃茄果凍
檸檬冬瓜露
木瓜牛奶冰砂
香瓜椰奶西米露
芋頭煉乳布丁
香蕉酪梨慕斯

餅乾
甜點類

椰子糕
大燕麥片餅乾
豆腐巧克力慕斯
牛奶蒸蛋糕
花生杏仁豆腐
蔬菜杯子蛋糕
卡式達水果薄餅
地瓜紅豆派
炸多拿滋
馬蹄桂圓蛋花湯
山藥綠豆湯

蘋果胡蘿蔔果凍

蘋果的酸甜味讓胡蘿蔔的腥味消失無蹤，小朋友不再討厭它了！

材料

蒟蒻果凍粉1小匙、細砂糖2小匙、蘋果汁200c.c.、胡蘿蔔汁100c.c.。

做法

1. 將蒟蒻果凍粉、細砂糖先混合拌勻，與蘋果汁、胡蘿蔔汁一起倒入鍋中。
2. 以小火煮果汁液，沸騰後關火。
3. 將果汁液倒入模型杯中，待降溫後放入冰箱冷藏至凝固即可。

媽咪育兒手札

果凍粉和細砂糖在乾粉的狀態下先行混合，可以增加果凍粉的分散性。

紫火龍果凍

食材本身的顏色就很鮮豔，是天然的染色劑。

材料

蒟蒻果凍粉1小匙、細砂糖2小匙、紫火龍果（去皮）300克、蘋果汁100c.c.。

做法

1. 將蒟蒻果凍粉、細砂糖先混合拌勻。火龍果切小塊。
2. 將火龍果、蘋果汁放入果汁機中攪打均勻，再倒入鍋中，加入拌好的粉糖拌勻成果汁液。
3. 以小火煮果汁液，沸騰後關火。
4. 將果汁液倒入模型杯中，待降溫後放入冰箱冷藏至凝固即可。

媽咪育兒手札

利用榨汁機可以榨出新鮮純淨的蘋果汁，或是購買寶寶專屬的有機蘋果汁亦可。紅肉或白肉的火龍果均可，寶寶食用紅肉火龍果後若排出的尿液偏紅，是正常現象，不必擔心。

適合年齡：6個月以上
份量：1人份

適合年齡：6個月以上
份量：1人份

玉米牛奶凍

自製最新鮮的蔬菜牛奶凍，讓孩子慢慢接受各類蔬菜。

材料

玉米粒2大匙、鮮奶或配方奶200c.c.、熟的胡蘿蔔40克、蒟蒻果凍粉1小匙、細砂糖3大匙、玉米粉1大匙、表面裝飾用玉米粒1小匙

做法

1. 將玉米粒、鮮奶和熟的胡蘿蔔放入果汁機中攪打勻，過濾後即成玉米胡蘿蔔牛奶。
2. 將蒟蒻果凍粉、細砂糖和玉米粉倒入鍋內拌勻，再倒入玉米胡蘿蔔牛奶攪拌，以小火煮，沸騰後關火，即成奶凍液。
3. 將奶凍液倒入模型杯中，表面撒上玉米粒，待降溫後放入冰箱冷藏至凝固即可。

媽咪育兒手札

表面裝飾用的玉米粒適合給1歲以上的寶寶，如果未滿1歲，只要食用果凍的部分即可。

黃蕃茄果凍

水份多、甜度高的黃蕃茄很適合做果凍！

材料

蒟蒻果凍粉1小匙、細砂糖2小匙、黃色小蕃茄400克、蘋果汁100c.c.

做法

1. 將蒟蒻果凍粉、細砂糖先混合拌勻。黃蕃茄切小塊。
2. 將黃蕃茄、蘋果汁放入果汁機中攪打均勻，過濾後倒入鍋中，加入已經拌好的粉糖拌勻成果汁液。
3. 以小火煮果汁液，沸騰後關火。
4. 將果汁液倒入模型杯中，待降溫後放入冰箱冷藏至凝固即可。

媽咪育兒手札

若使用高速果汁機製作就不必濾渣，濾渣可以將蕃茄的皮瀝掉，防止寶寶的喉嚨對蕃茄皮敏感而引發咳嗽。蕃茄去蒂頭後以清水沖洗，再用乾淨的廚房紙巾擦拭，以免寶寶攝取到自來水。

適合年齡：6個月以上
份量：1人份

適合年齡：6個月以上
份量：1人份

檸檬冬瓜露

這道飲品纖維超多，喝了有利消化與排便。

適合年齡：6個月以上
份量：1人份

材料

洋菜絲5克、冬瓜磚100克、清水750c.c.、檸檬1個

做法

1. 洋菜絲浸泡適量的冷水使其軟化，再用剪刀仔細剪碎。
2. 將冬瓜磚、洋菜和清水放入鍋中，邊攪拌邊加熱，煮到材料溶化後關火。
3. 待冬瓜液降溫後放入冰箱冷藏，會形成半凝固狀，舀適量冬瓜露放在碗內，滴少許檸檬汁即可食用。

媽咪育兒手札

洋菜或珊瑚草都是低熱量、高纖維食品，完全沒有奇怪的味道，幼兒接受度很高，當作纖維質的補充品非常適合。

木瓜牛奶冰砂

炎夏來一杯沁涼的木瓜和香醇的牛奶打成的冰砂吧！

適合年齡：8個月以上
份量：1人份

材料

清水100c.c.、細砂糖50克、木瓜400克、鮮奶或配方奶100c.c.

做法

1. 將清水、細砂糖倒入鍋中以小火煮，沸騰後關火，置於一旁降溫。
2. 木瓜切開後去籽，用湯匙將果肉刮成泥。
3. 將木瓜泥和鮮奶放入果汁機攪打均勻，加入降溫後的糖水，倒入碗內放入冰箱冷凍。
4. 結凍後取出退冰，用叉子把材料攪成碎冰狀即可食用。

媽咪育兒手札

夏天時可改用西瓜來製作。製作西瓜冰砂時，先將西瓜籽完全挑除。將西瓜、鮮奶或配方奶放入果汁機中攪打均勻，倒出，和煮好的糖水混合，降溫後放入冰箱冷藏至結凍，方法相同。

香瓜椰奶西米露

綜合了奶香與水果甜味的媽咪愛心小甜點

適合年齡：8個月以上
份量：1人份

材料

椰奶200c.c.、清水400c.c.、冰糖40克、西谷米1/2杯（量米杯）、香瓜1顆

做法

1. 將椰奶、清水和冰糖倒入鍋中，以小火煮，沸騰後關火，即成椰奶糖水。
2. 將西谷米放入一鍋滾水中，煮約3分鐘，關火蓋上鍋蓋，把西谷米燜透。
3. 香瓜橫向剖開，去掉籽變成水果碗，加入1大匙西米露，再倒入椰奶糖水即可。

媽咪育兒手札

給寶寶食用的時候，需將香瓜果肉刮成泥狀，或是切成小塊以方便咀嚼。

芋頭煉乳布丁

很少有小孩逃得過甜甜煉乳的美味，搭配不甜的食材最佳。

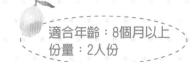

適合年齡：8個月以上
份量：2人份

 材料　芋頭絲100克、煉乳200克、雞蛋2個、鮮奶或配方奶100c.c.

 做法

1. 芋頭去皮刨絲後放在盤內，移入電鍋，外鍋倒入1杯水，按下開關蒸熟。
2. 將煉乳、雞蛋混合放入容器中，用打蛋器仔細打散，再加入配方奶拌勻成布丁液。
3. 將蒸熟的芋頭放入果汁機，加入布丁液攪打均勻，倒入模型中。此時烤箱的烤盤加水，先預熱180℃。
4. 在模型上面覆蓋錫箔紙，放在烤盤上，以200℃隔水烘烤的方式烘烤約25分鐘，或是烤至蛋液凝固即可。

媽咪育兒手札

芋頭是飽含澱粉的根莖類食物，有十足的飽足效果，營養價值也很高，但是單獨品嘗卻又太乾硬，不適合年幼的寶寶，因此把芋頭和牛奶（鮮奶或配方奶）混合打勻烤成布丁，可以提高寶寶的接受度。

香蕉酪梨慕斯

這款飽含水果營養、香甜的慕斯口感軟滑,很受各年齡孩童的喜愛。

適合年齡:6個月以上
份量:1人份

 材料 吉利丁片5克、配方奶200c.c.、細砂糖1大匙、香蕉100克、熟酪梨50克、檸檬汁1大匙、原味優格100克

 做法
1. 吉利丁片浸泡適量的冷水使其軟化,擰乾水份。
2. 將鮮奶、細砂糖倒入鍋中,以小火加熱至糖溶化後關火,加入吉利丁片拌勻,再於鍋底放一盆冰水降溫。
3. 香蕉、酪梨切小塊,留一些酪梨,其餘香蕉、酪梨、檸檬汁和降溫的吉利丁片液倒入果汁機中攪打均勻,加入優格拌勻成慕斯液。
4. 將慕斯液倒入模型中,放入冰箱冷藏至凝固,取出表面放上酪梨塊即可。

媽咪育兒手札 🐰
酪梨和香蕉都是有飽足感的水果,而且營養價值高。加入吉利丁片是讓整體產生Q彈的效果,並不一定要添加,即使只有酪梨和香蕉,也可以自然創造出慕斯的口感。

椰子糕

偶爾來點大人小孩都喜歡的南洋風小點心吧！

適合年齡：6個月以上
份量：1人份

 材料 蒟蒻果凍粉1大匙、細砂糖3大匙、玉米粉2大匙、椰漿
200c.c.、鮮奶或配方奶200c.c.、椰子粉200克

 做法
1. 將蒟蒻果凍粉、細砂糖和玉米粉放入鍋中拌勻，再倒
   入鮮奶攪拌，以小火邊攪拌邊加熱。
2. 煮至沸騰後關火，加入椰漿拌勻成椰漿液。
3. 將椰漿液倒入模型中，待降溫後放入冰箱冷藏凝固。
   取出切塊，沾裹椰子粉即可。

媽咪育兒手札

1. 椰子粉不一定要添加，可以
   視寶寶的接受度來決定。
2. 模型內可先薄薄抹一層橄欖
   油，可預防沾黏。

大燕麥片餅乾

製作多片再適當地保存餅乾，當作飯後小點心再適合不過。

適合年齡：1歲以上
份量：18片

材料 鬆餅粉200克、快煮或即食大燕麥片100克、鹽1/2大匙、豆漿130c.c.、核桃碎75克、蔓越莓乾碎40克、橄欖油或葡萄籽油7小匙

做法
1. 將鬆餅粉、大燕麥片和鹽放入容器中混合拌勻。
2. 倒入豆漿拌勻。
3. 加入核桃碎、蔓越莓乾混合。（圖❶）
4. 加入橄欖油拌成餅乾麵糰。（圖❷）
5. 麵糰以保鮮膜包裹，置於一旁鬆弛20分鐘。
6. 取出鬆弛好的麵糰分成數小塊，放置在鋪有烘焙紙的烤盤上，用平底的杯底用力壓平麵糰。
7. 烤箱預熱180℃，將麵糰放入烘烤15～20分鐘，取出烤好的餅乾放在網架上降溫即可。

媽咪育兒手札

1. 杯子的底部用保鮮膜包裹，可以防止麵糰黏在杯底。
2. 餅乾烤久一點呈現酥酥脆脆的口感，適合大人品嘗；烤的時間短一點，比較適合幼兒品嘗的軟軟口感，兩種都很好吃！
3. 製作完成的餅乾放在密封罐內，置陰涼處可以保鮮一個禮拜；放入冰箱冷藏可以保存兩個禮拜。

Soups may be very nutritious,
especially those made
of dried beans
and peas and those
which have milk in them.

MyRecipes

Cookir

se *

ture
nction alone
res.

Spo
oven--
Do not
ans for spoge c

MyR

ad & chees   ake   affins
Ve   bles & Sou

* Vegetables

豆腐巧克力慕斯

含極豐富的蛋白質做成的點心，是最營養的天然手工點心。

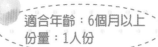

適合年齡：6個月以上
份量：1人份

材料 吉利丁片5克（約2片）、無糖豆漿240c.c.、可可粉1小匙、細砂糖3大匙、豆腐100克

做法
1. 吉利丁片浸泡適量的冷水使其軟化，擰乾水份。
2. 將豆漿、可可粉和細砂糖放入容器中拌勻，加入豆腐，放入果汁機攪打均勻，以濾網過濾至鍋中，邊加熱邊攪拌，煮至沸騰後關火。
3. 加入吉利丁片拌勻成慕斯液，再於鍋底放一盆冰水降溫。
4. 將慕斯液倒入模型杯中，放入冰箱冷藏凝固即可食用。

媽咪育兒手札

100克的傳統板豆腐鈣含量約90毫克，比起盒裝豆腐還要高，建議選購豆腐時還是以傳統製作的產品為優先考量。

 營養*Memo*

豆腐（Tofu）

以黃豆為主要原料，含有大量蛋白質，尤其不喜歡吃肉的幼兒，媽咪更需多準備豆腐、豆漿等高蛋白質食物。另豆腐也含纖維質，食用後幫助形成糞便，有助幼兒順利排便。傳統豆腐很容易壞，買回來後可放在冷水中，移至冰箱冷藏，但不可以久放，需盡快食用完畢。

牛奶蒸蛋糕

口感綿密細緻的蒸蛋糕，無論當點心或正餐都可以！

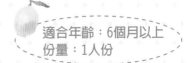

適合年齡：6個月以上
份量：1人份

 材料 鬆餅粉100克、鮮奶或配方奶20c.c.、雞蛋1個

 做法

1. 將雞蛋、牛奶放入容器中，用打蛋器仔細攪拌均勻。
2. 加入過篩的鬆餅粉後拌勻成麵糊。
3. 將麵糊倒入模型或容器中。
4. 將蒸架放入電鍋，模型放在蒸架上，外鍋倒入1杯水，按下開關蒸熟，取出放涼即可。

媽咪育兒手札

利用在超市可以買到的鬆餅粉速成的便利性，讓寶寶隨時可以品嘗剛出爐的點心！牛奶可以改用煉乳或豆漿。

花生杏仁豆腐

做法簡單的甜點，最適合忙碌的媽咪。

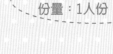

適合年齡：6個月以上
份量：1人份

 材料　洋菜絲5克、細砂糖75克、清水750c.c.、杏仁粉100克、軟花生100克

 做法

1. 洋菜絲浸泡適量的冷水使其軟化，再用剪刀仔細剪碎。
2. 將細砂糖、清水倒入鍋中，煮至沸騰後關火，置於一旁放涼。
3. 將杏仁粉、軟花生倒入果汁機中，倒入糖水，打勻成花生杏仁液。
4. 將花生杏仁液倒回鍋中，再加入洋菜煮至洋菜完全溶化。
5. 煮好的洋菜液過濾後倒入模型中，待降溫後放入冰箱冷藏至凝固即可。

媽咪育兒手札

1. 生的花生需要浸泡在清水中的時間較久，所以建議媽媽購買市售罐裝的牛奶花生，罐內的糖水也可以與清水混合用來製作這道點心喔！
2. 可多買一些熟軟花生，搭配杏仁豆腐食用。
3. 花生粒可以給1歲以上的幼兒食用；1歲以內的寶寶可食用杏仁豆腐。

 營養*Memo*

洋菜（Agar）

透明、沒有味道的洋菜，通常用在製作果凍的凝固劑。它含有大量的食物纖維，有助於形成糞便，減少便秘發生。市面上常看到的是洋菜絲，只要使用前先以冷水泡軟，切碎再加入液體中即可形成凍。

蔬菜杯子蛋糕

蔬菜口味的杯子蛋糕非常特別，市面上絕對買不到。

適合年齡：10個月以上
份量：4個

材料
無鹽奶油100克、糖粉100克、雞蛋1個、紫高麗菜30克、小黃瓜15克、低筋麵粉120克、泡打粉1小匙

做法
1. 奶油放在室溫下使其軟化，到手指可按下的程度。花椰菜切末。胡蘿蔔磨成泥。（圖❶）
2. 將奶油、糖粉放入攪拌盆中，以打蛋器仔細打成均勻的軟滑狀，再加入蛋拌勻。（圖❷）
3. 加入紫高麗菜、小黃瓜拌勻。（圖❸）
4. 加入過篩的麵粉和泡打粉拌勻成麵糊。（圖❹）
5. 烤箱預熱200℃，將麵糊倒入模型中。（圖❺）
6. 放入烘烤約15～20分鐘，以牙籤輕刺麵糊，確認麵糊烤熟且不沾黏，取出略降溫後即可食用。

媽咪育兒手札
1. 這個蔬菜杯子蛋糕完全沒有蔬菜的怪味道，即使品嘗的時候也吃不出來，主要就是因為把蔬菜都切成小丁，難怪小朋友都吃得好開心！
2. 這裡使用的模型，是直徑約6公分的圓形蛋糕模。

❶ ❷ ❸ ❹ ❺

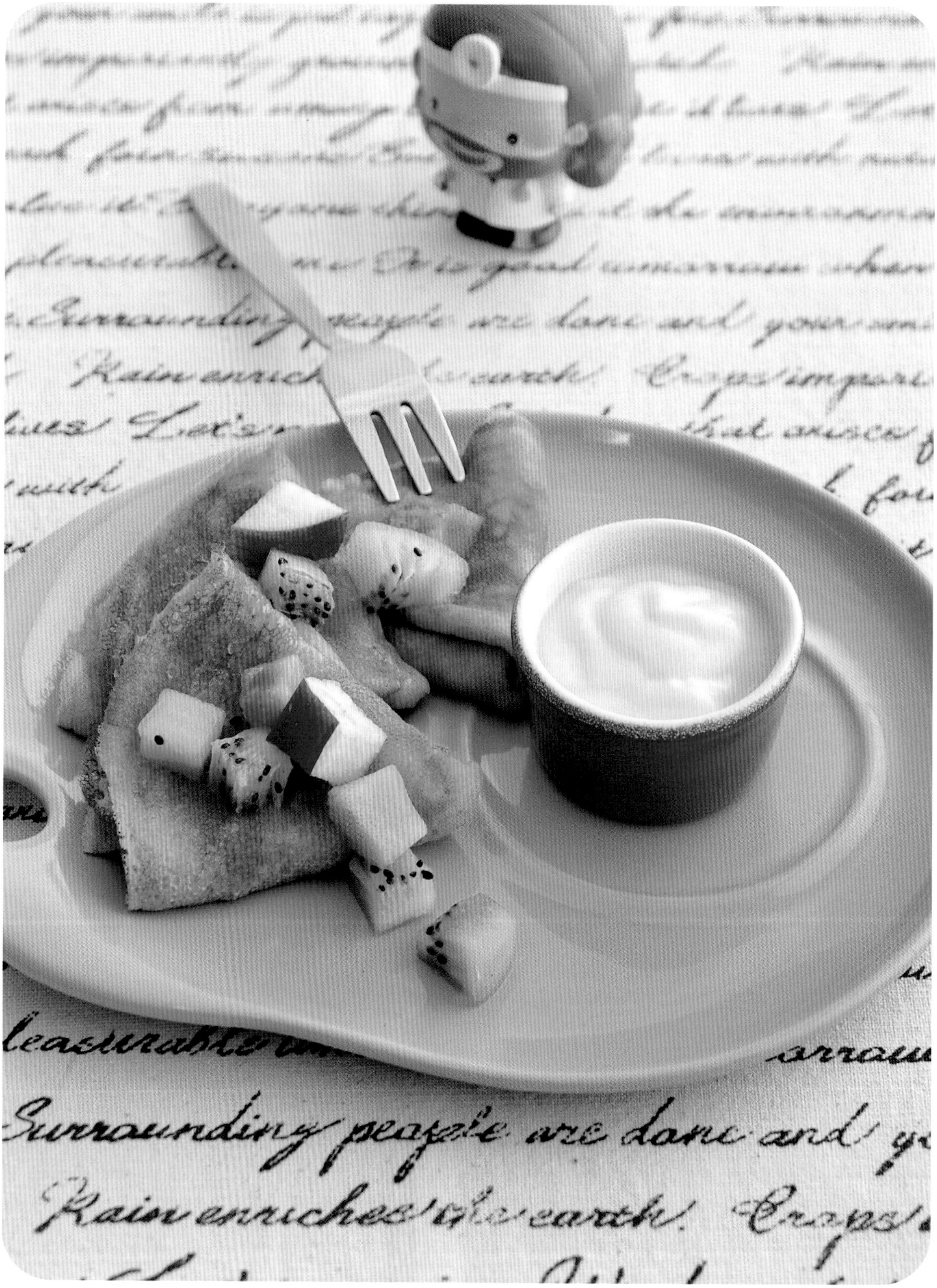

卡式達水果薄餅

奶香濃厚的甜卡式達醬，是薄餅、鬆餅最好的搭檔。

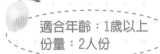

適合年齡：1歲以上
份量：2人份

材料
牛奶100c.c.、雞蛋1/2個、橄欖油1小匙、鬆餅粉100克、蛋黃3個、細砂糖60克、低筋麵粉30克、鮮奶或配方奶300c.c.、香草精1/2小匙、當季水果適量

做法
1. 將100c.c.牛奶、雞蛋和橄欖油倒入容器中，以打蛋器打散。
2. 加入過篩的鬆餅粉混合拌勻成麵糊。
3. 平底鍋燒熱，倒入麵糊覆蓋整個鍋面，多餘的麵糊倒出，以小火煎至周圍微微翻起，即可取出製作下一片，即成薄餅皮。（圖❶）
4. 將蛋黃、細砂糖倒入容器中用力攪拌，直到顏色變淡、體積膨脹。（圖❷）
5. 加入過篩的低筋麵粉拌勻成蛋黃麵糊。（圖❸）
6. 將鮮奶倒入另一鍋中加熱，邊加熱邊攪拌以防止形成薄膜，沸騰後關火加入香草精。
7. 將煮好的熱牛奶一點一滴慢慢加入蛋黃麵糊，充分攪拌，完全倒入攪拌完成後再次加熱，邊加熱邊攪拌，直到材料開始冒泡後關火，即成卡式達醬。（圖❹）
8. 立刻在卡式達醬表面貼蓋上保鮮膜，隔一盆冰水降溫，待完全降溫後放入冰箱冷藏。
9. 新鮮水果洗淨後去皮，切小塊。
10. 將薄餅皮攤開，抹入適量的卡式達醬，搭配新鮮水果塊，摺起成三角形即可。

媽咪育兒手札
水果丁的部分適合給1歲以上的寶寶品嘗；卡式達醬和薄餅則可以給滿6個月以上的寶寶們嘗試。卡式達醬是西式點心的基礎醬料，由於使用了大量的蛋黃和鮮奶，因此蛋白質、鐵質和鈣質都很豐富，只要適當控制糖的用量，就成了非常適合嬰幼兒的點心。

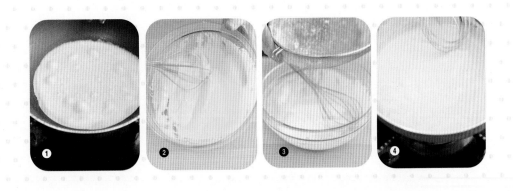

❶ ❷ ❸ ❹

地瓜紅豆派

很少有小朋友不愛吃地瓜和紅豆，媽咪可試著結合這2種食材做成甜點吧！

適合年齡：8個月以上
份量：2人份

材料 地瓜200克、紅豆粒餡2大匙、雞蛋1個

做法

1. 地瓜表皮洗淨。烤箱預熱180℃，將地瓜放入烘烤約30分鐘，確認烤熟後取出。
2. 待地瓜降溫後切對半，以湯匙小心將地瓜肉挖出。（圖❶）
3. 將紅豆粒餡填入地瓜皮內。（圖❷）
4. 將地瓜肉填在紅豆粒餡上並稍微整型。（圖❸）
5. 雞蛋打散，把蛋液均勻塗抹在地瓜餡料的表面。（圖❹）
6. 烤箱預熱180℃，放入地瓜烘烤約10分鐘，直到表面金黃上色即可。

媽咪育兒手札

紅豆粒餡是混合了紅豆粒的紅豆泥，只要將一碗煮熟的紅豆粒，搭配一碗糖煮到收汁呈黏稠狀，就成了自製的紅豆粒餡。

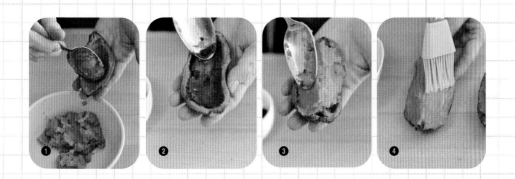

炸多拿滋

如乒乓球般的小圓多拿滋小巧可愛，小朋友手拿食用最方便。

適合年齡：8個月以上
份量：2～3人份

 材料

低筋麵粉100克、鮮奶或配方奶20c.c.、雞蛋1個、炸油2杯（量米杯）
調味料：沾裹用細砂糖200克

 做法

1. 將鮮奶、雞蛋倒入容器中攪拌均勻。
2. 加入過篩的麵粉，混合拌勻成麵糊。
3. 炸油倒入鍋中預熱，當竹筷子放入油鍋內會冒出細小的泡泡時，舀入麵糊，炸成兩面都呈金黃色，撈起。
4. 將炸好的多拿滋放在砂糖內沾裹，即可食用。

媽咪育兒手札

這是傳統簡單的家庭小點心，隨時想吃可以隨時製作，材料簡單且容易取得，而且不會太甜膩。

馬蹄桂圓蛋花湯

媽咪可嘗試製作不同口味的點心,這道甜湯,是
鹹味蛋花湯的變化款。

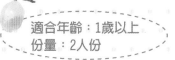

適合年齡:1歲以上
份量:2人份

 材料
新鮮馬蹄70克、清水250c.c.、雞蛋1個
調味料:冰糖1大匙、桂圓肉1大匙

 做法

1. 馬蹄去皮後拍碎,浸泡在適量的清水中,以防止
   馬蹄變色。
2. 將清水倒入鍋中,先加入冰糖、桂圓肉煮滾,再
   加入馬蹄碎煮至沸騰。
3. 雞蛋打散後倒入湯鍋中,立刻關火,即可食用。

媽咪育兒手札

可以將煮好的馬蹄湯放入果汁
機打碎,確保幼兒可以安心食
用。桂圓肉只是調味用,不需
要給寶寶吃。

 營養Memo

馬蹄(Biqi)

又叫荸薺、慈菇。口感鬆脆,即使經過久煮也不會軟爛。通常會
搭配其他食材入菜,像肉丸子、燒賣、馬蹄條等,增加脆脆的口
感,孩童通常都很喜歡。馬蹄含有大量纖維質和水份,有助消化
和排便順暢。在使用時,剝皮後可先泡冷水,避免變色。

山藥綠豆湯

也許你家小朋友不喜愛山藥的口味,不防加入綠豆湯試試。

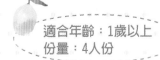

適合年齡：1歲以上
份量：4人份

 材料　綠豆1/2杯（量米杯）、山藥60克、清水1,200c.c.
調味料：冰糖3大匙

 做法

1. 綠豆洗淨,浸泡在適量的清水中直到膨脹,撈出瀝乾水份,倒入鍋中。
2. 倒入1,200c.c.清水,先以大火煮沸,再轉小火,蓋鍋蓋續煮至綠豆殼破。
3. 山藥去皮後切小塊,放入另一鍋滾水中汆燙,撈起放入綠豆湯內共煮,待沸騰後加入冰糖,攪拌至冰糖溶化後關火。
4. 待綠豆湯降溫後即可食用。

媽咪育兒手札

山藥切碎加在好喝的綠豆湯裡面,真是個好主意！對於討厭山藥的小朋友來說,一點也不會發覺。

 營養*Memo*

山藥（Chinese Yam）

口感鬆軟、黏滑的山藥,是一高營養價值的食材。它富含蛋白質、澱粉、多種礦物質、維生素和纖維質,可提供人體多種營養、助消化。削除山藥的外皮時,會滲出黏滑汁液,建議媽咪戴上手套操作,削完皮後再以清水洗淨烹調。另一種更簡單的食用山藥法,可將山藥和牛奶攪打成飲品,大人、小孩都可飲用。

Part 7

不含化學添加物的飲品

寶寶滿4個月開始會出現厭奶的情形，這時除了可以熬煮濃稠的米糊提供養份的補充和口感上的新體驗，也可以自製好喝又營養的飲品，當作主食以外的點心給幼兒品嘗。這個單元介紹的飲品對大人小孩都適合，給幼兒品嘗時可直接放在奶瓶，或是以湯匙來餵食。飲品盡量以當天製作的為佳，放入冰箱冷藏保存不若當場製作的新鮮，建議不要再給幼兒飲用。

燕麥豆漿　　　　香蕉可可豆奶

香甜酪梨豆漿　　川貝杏仁奶

紫米薏仁黑豆漿　巧克力五穀豆奶

小麥胚芽花生米漿　甘麥大棗茶

芝麻糙米漿　　　黑木耳甜飲

黑豆五穀米漿　　草莓蘋果腰果奶

香蕉木瓜豆奶　　奇異果優格奶昔

選擇優質糖搭配飲品

配飲品少不了水和糖，使用純淨來源的水，衛生最有保障。至於「糖」只是飲料的調味劑，專家建議不要給1歲以下的幼兒過重的調味，以免破壞味覺和影響器官的發育。因此在調配飲品時，不一定得照食譜建議的糖量，若寶寶願意品嘗清淡的原味，可以省去加糖。而市售的糖種類琳琅滿目，要選擇哪一種糖當作寶寶飲料的添加物？相信你也有過這樣的疑慮，建議選購前先參考以下「市售糖的介紹表」，再選一個最適合寶寶的糖。

市售糖的介紹表

名稱	介紹	優缺點
葡萄糖	屬於單醣，不能再分解為更簡單的醣。它可溶於冷熱水中，甜度僅次於蔗糖，人體血液中所含的就是葡萄糖（血糖）。蔬菜和水果中含有天然葡萄糖，部分嬰幼兒配方奶中添加的也是葡萄糖。	葡萄糖進入體內不需再分解，可立刻被細胞吸收。幼兒快速發育的大腦，也需要適量的葡萄糖當作養份。
果糖	單醣的一種，若蔗糖的甜度為100，果糖的甜度可達173，是所有醣類甜度最高的。果糖和葡萄糖一樣，存在於自然界的蔬菜、水果和蜂蜜中。	果糖可快速溶於水中，不會產生結晶，使用的量只需蔗糖的一半，甜度卻等於蔗糖。
細砂糖	就是一般的白糖和二砂，是經由甘蔗或甜菜精製提煉而成。可提供熱量，但不含任何營養成份，卻是最廣泛運用的糖。	甜度高、價格低、溶合效果好且安全性高。此外，冰糖也是由細砂糖煉製而成的結晶糖，分有紅、白兩色。
果寡糖	並非果糖，是以蔗糖為原料，經酵素加工而成，熱量低且具有調整腸道菌叢生態的作用，也可壓抑有害菌種的生存空間。	若搭配乳酸菌和天然膳食纖維豐富的食物，有助腸道蠕動，讓寶寶排便更順暢。1歲以上的寶寶腸內比非德氏菌（bifidus）減少，攝取適量果寡糖能幫助益菌的增生，維持消化道的健康！
蜂蜜	是未經煮沸過的糖品，很可能摻有細菌性肉毒中毒孢子，會危害尚未開始接觸副食品的幼兒。醫學專家建議1歲以內的幼兒不要食用蜂蜜。其成份中大部分是天然葡萄糖和果糖，另含有蛋白質、礦物質和維生素。	中醫研究蜂蜜具有滋養、止咳的作用。國外醫學研究則表示睡前口含1大匙純蜜，可減緩幼兒半夜咳嗽的機率。這都是因蜂蜜中具抗菌素，殺菌效果高。但豆漿不能添加蜂蜜，因兩者在胃部結合會產生難消化的大分子，造成脹氣和腹痛。
黑糖	也是蔗糖精製提煉而成的，但精製的程度較低，保留了蛋白質、維生素和鈣、磷、鐵、鈉、鉀等礦物質，像100克的黑糖可提供高達400毫克的鈣和10毫克的鐵。	黑糖的礦物質和豆漿的蛋白質結合會產生沉澱和凝固，外觀不可口，所以大部分豆漿都添加白糖。但若豆漿內加了其他水果，就可加入黑糖來豐富飲料的營養。
麥芽糖	屬於穀類糖漿，穀類經過發酵，澱粉質被分解出而變甜，將分解的澱粉過濾再熬煮，就成了麥芽糖。它保留大部分穀類的營養，進入人體後慢慢被利用、代謝，再轉化成能量。	麥芽糖較蔗糖不易被細菌作用而發酵，消化率較好，因此常和糊精混合製成麥芽糊精，添加在嬰幼兒配方奶中。

自製豆漿和米漿

一般市售的豆漿和米漿，都已經添加糖，所以有甜味。而自製豆漿、米漿的優點，是可以不放糖。對於1歲以下還不需喝調味料飲品的寶寶，是再適合不過的了。豆漿、米漿除了單喝，更可加入香蕉、草莓等水果攪打，讓寶寶吸收到水果的維生素、礦物質之外，更有豆類和米類的營養。

+Plus
Cooking
Page

豆漿

適合年齡：4個月以上
份量：約1,300c.c.

材料
黃豆或黑豆100～120克、
清水1,500c.c.
調味料：糖適量

做法
1. 豆子洗淨，放入適量的清水中浸泡，直到豆子膨脹。
2. 取出豆子把水瀝乾，將豆子、清水放入果汁機中攪打均勻。
3. 準備豆漿濾渣袋，分次把生豆漿放入袋中，用力擠出純淨的豆漿。
4. 將濾渣後的生豆漿倒入大鍋中，以中火煮至沸騰，邊煮邊攪拌，以免鍋底焦黑。
5. 可依照個人喜好，在豆漿中添加適量的糖。

米漿

適合年齡：4個月以上
份量：約1,675c.c.

材料
白米75克、焦花生90～
100克、清水1,500c.c.
調味料：糖適量

做法
1. 白米洗淨，放入適量的清水中浸泡約1小時。
2. 取出白米把水瀝乾，將白米、花生和清水放入果汁機攪打均勻。
3. 將生米漿倒入大鍋中，以中火煮至沸騰，邊煮邊攪拌，以免鍋底焦黑。
4. 可依照個人喜好，在米漿中添加適量的糖。也以糙米、五穀米取代白米。

燕麥豆漿

寶寶在奶類外，不妨換換燕麥豆漿補充營養。

適合年齡：8個月以上
份量：1人份

材料

黃豆30克、燕麥10克、清水500c.c.
調味料：糖1大匙

做法

1. 黃豆和燕麥洗淨，浸泡在適量的清水中直到膨脹，瀝乾。
2. 將黃豆、燕麥倒入果汁機中，倒入清水，攪打均勻成生漿。
3. 將生漿倒入鍋中，以小火邊攪拌邊加熱，煮至沸騰後關火，待降溫後加入糖飲用。

媽咪育兒手札

1. 燕麥有勾芡的作用，所以可不濾渣直接飲用；如果不喜歡有渣渣的口感，可以濾掉豆渣，或者使用豆漿袋、細目濾網來過濾。
2. 本單元飲品中的添加糖，可參照p.192的介紹。

香甜酪梨豆漿

營養價值極高的酪梨和豆漿的組合，大人小孩都適合！

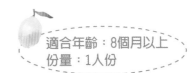

適合年齡：8個月以上
份量：1人份

材料

無糖豆漿200c.c.、酪梨100克、糖1大匙

做法

1. 酪梨切開取出果核，以湯匙挖出熟軟的果肉。
2. 將豆漿、酪梨和糖倒入果汁機中，仔細攪拌打勻即可。

媽咪育兒手札

選購酪梨時一定要選硬的，買回家後以報紙包裹放置在溫暖處催熟。酪梨熟了會很快腐敗，所以需放置在冰箱冷藏，或是將果肉挖出，放在保鮮袋以冷凍保存。

紫米薏仁豆漿

含多種礦物質和氨基酸的紫米營養價值高，打成紫米漿，幼兒更易飲用。

適合年齡：8個月以上
份量：1人份

材料

黃豆20克、紫米10克、薏仁10克、清水500c.c.
調味料：糖1大匙

做法

1. 將材料混合洗淨，浸泡在適量的清水中直到膨脹，瀝乾。
2. 將泡好的材料倒入果汁機中，倒入清水，攪打均勻成生漿。
3. 將生漿倒入鍋中，以小火邊攪拌邊加熱，煮至沸騰後關火，待降溫後加入糖飲用。

媽咪育兒手札

紫米和薏仁有勾芡的作用，可以不濾渣直接飲用，若不喜歡有渣渣的口感，可以濾掉豆渣，或使用豆漿袋、細目濾網來過濾。另外，使用大薏仁或小薏仁皆可。

小麥胚芽花生米漿

飽含維生素E的小麥胚芽，有助身體細胞膜
健康完整，急速發育中的幼兒不可少。

材料
糙米30克、黑花生25克、清水500c.c.
調味料：糖1大匙、小麥胚芽1小匙

做法
1. 糙米洗淨，浸泡在適量的清水之中至少30分鐘，瀝乾。
2. 將糙米、花生倒入果汁機中，倒入清水，攪打均勻成生米漿。
3. 將生米漿倒入鍋中，以小火邊攪拌邊加熱，煮至沸騰後關火，待降溫後加入糖、小麥胚芽即可飲用。

適合年齡：8個月以上
份量：1人份

媽咪育兒手札
購買黑花生時一定要試聞味道，以確認其新鮮度。另外，也可以將小麥胚芽混入生漿內一起攪打。

芝麻糙米漿

適合年齡：8個月以上
份量：1人份

試試以果糖、麥芽糖取代一般的細砂糖，更有不同的風味。

材料

糙米30克、黑芝麻粒25克、清水500c.c.
調味料：糖1大匙

做法

1. 糙米洗淨，浸泡在適量的清水中至少30分鐘，瀝乾。
2. 將糙米、黑芝麻倒入果汁機中，倒入清水，攪打均勻成生米漿。
3. 將生米漿倒入鍋中，以小火邊攪拌邊加熱，煮至沸騰後關火，待降溫後加入糖飲用。

媽咪育兒手札

芝麻含豐富的蛋白質、脂肪、維生素和礦物質，濃郁的香氣可增進食慾。這裡也可使用黑芝麻粉，份量為1大匙。

黑豆五穀米漿

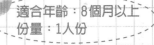

適合年齡：8個月以上
份量：1人份

既是豆漿又是米漿的飲品，讓幼兒飲品的選擇更豐富。

材料

黑豆25克、五穀米30克、清水500c.c.
調味料：糖1大匙

做法

1. 黑豆和五穀米混合洗淨，浸泡在適量的清水中直到膨脹，瀝乾。
2. 將泡好的材料倒入果汁機中，倒入500c.c清水，攪打均勻成生漿。
3. 將生漿倒入鍋中，以小火邊攪拌邊加熱，煮至沸騰後關火，待降溫後加入糖飲用。

媽咪育兒手札

黑豆是鐵質含量最豐富的豆類，而五穀米中的糙米及其他穀類可提供膳食纖維，這道既是豆漿又是米漿的飲品，能完整提供寶寶成長所需的營養和優質植物性蛋白質。

香蕉木瓜豆奶

國產香蕉的品質極佳，是製作飲品的
不二選擇。

適合年齡：6個月以上
份量：1人份

材料

木瓜果肉30克、去皮香蕉30克、
無糖豆漿200c.c.

做法

1. 無糖豆漿做法參照p.189。
2. 木瓜去籽後刮出果肉，香蕉去皮後切小段。
3. 將香蕉、木瓜和豆漿倒入果汁機中，仔細攪打均勻即可。

媽咪育兒手札

去皮後的香蕉易因褐化變黑，建議要打果汁
前、取完木瓜肉後再去皮打果汁。

香蕉可可豆奶

怕幼兒覺得可可粉太苦嗎？那加入甜味的
香蕉製作吧！

適合年齡：6個月以上
份量：1人份

材料

去皮香蕉60克、無糖豆漿200c.c.、
可可粉1小匙

做法

1. 香蕉去皮後切小段。
2. 將香蕉、豆漿和可可粉倒入果汁機中，仔細攪打均勻即可。

媽咪育兒手札

香蕉是台灣四季生產的水果，含有豐富的蛋白
質和礦物質，獨特的香氣也非常受到寶寶們的
喜愛，是便宜又方便食用的好食物。

川貝杏仁奶

川貝的藥味較明顯，剛開始時使用少量，嘗試漢方的風味。

適合年齡：1歲以上
份量：1人份

材料

杏仁粉1大匙、川貝1小匙、
配方奶或鮮奶200c.c.
調味料：糖1小匙

做法

1. 將杏仁粉、川貝和配方奶倒入鍋中，以小火邊攪拌。
2. 將杏仁奶以細目濾網過濾，待降溫後即可飲用美味飲品。

媽咪育兒手札

選購新鮮現磨的杏仁粉，其中無任何糖、奶精或杏仁香精等添加物，可以讓寶寶愛上杏仁的風味。

巧克力五穀豆奶

在幼兒較不易接受的五穀口味中加入巧克力，豆奶瞬間變好喝了！

適合年齡：8個月以上
份量：1人份

材料

五穀米30克、黃豆25克、清水500c.c.
調味料：糖1大匙、可可粉2小匙

做法

1. 將五穀米和黃豆洗淨，浸泡在適量的清水中直到黃豆膨脹，瀝乾。
2. 五穀米、黃豆和清水倒入果汁機中，仔細攪打均勻，再倒回鍋中以小火加熱，煮至沸騰關火。
3. 舀出少許豆奶和可可粉混合攪散，再倒回鍋內混合，最後加入糖即可。

媽咪育兒手札

五穀豆奶加入可可的味道，可以讓小朋友願意嘗試，不論是烘焙用可可粉或調味可可粉，都可以添加。

甘麥大棗茶

幼兒出現淺眠或易受驚嚇的情況時，喝這道茶飲有幫助安定緊張的情緒。

適合年齡：1歲以上
份量：1人份

材料

炙小麥3錢、
甘草3錢、紅棗1兩、清水500c.c.

做法

1. 紅棗去核。
2. 將紅棗、甘草和炙小麥倒入鍋中，倒入清水加熱，煮至沸騰後續煮約3分鐘即可。

媽咪育兒手札

1. 炙小麥是指烘焙或炒過的小麥，與市售罐裝飲料的麥茶不同，需至中藥行指明購買。1錢約3.75克，大概是廚房量匙的1小匙再少一點。
2. 建議媽媽購買小型的藥茶袋，將藥材依上述份量分裝成小袋，放入冰箱冷藏保存。

黑木耳甜飲

這道飲料冷熱皆宜，是我在炎熱夏季時常製作的甜飲。

適合年齡：10個月以上
份量：1人份

材料

黑木耳50克、清水500c.c.
調味料：黑糖25克

做法

1. 黑木耳洗淨切碎，與清水放入果汁機中仔細攪打均勻。
2. 將打好的黑木耳汁倒入鍋中，以小火邊攪拌邊加熱，煮至沸騰後關火。
3. 加入黑糖即可。

媽咪育兒手札

建議使用乾的黑木耳，使用前先用清水浸泡軟化；配方內也可加入約5顆的去籽紅棗，增添香甜風味。

草莓蘋果腰果奶

這幾種都是寶寶接受度高的水果，是
最受歡迎的果汁材料。

適合年齡：10個月以上
份量：1人份

材料

草莓75克、蘋果50克、生腰果50克、
開水250c.c.

做法

1. 草莓去蒂頭後切小塊，蘋果去皮後切小塊，
   生腰果切小塊。
2. 將草莓、蘋果、生腰果和開水倒入果汁機
   中，仔細攪打均勻即可。

媽咪育兒手札

蘋果、香蕉和奇異果，都是香甜營養的水果，家
中有幼兒的媽媽，一定要隨時準備這幾種水果，
讓寶寶從小就培養天天五蔬果的飲食習慣！

奇異果優格奶昔

酸甜適中的水果奶昔比速食店的奶昔營
養多很多，也可避免攝取過多糖份。

適合年齡：10個月以上
份量：1人份

材料

奇異果1/2顆、優格100克、開水60c.c.

做法

1. 奇異果去皮切小塊。
2. 將奇異果、優格和開水倒入果汁機中，仔細
   攪打均勻即可。

媽咪育兒手札

這是我平常最喜歡的飲料之一，也非常適合發育
中的幼兒品嘗。如果是給予1歲以上的寶寶，可添
加蜂蜜來增添風味。

索引 Index

「我家寶寶7個月大了，該吃些什麼呢？」「1歲以上的幼兒可以吃什麼？」許多爸媽都有這樣的疑問。以下將本書中的食譜以月齡區分，幫助爸媽迅速找到適合孩子吃的菜。但由於每個幼兒的身體、發育狀況不見得相同，這裡寫的月齡僅供建議，爸媽可自行斟酌讓幼兒食用。

COOK50113

0~6歲嬰幼兒
營養副食品和主食

130道食譜和150個育兒手札、貼心叮嚀

作者█王安琪

攝影█周禎和

美術設計█鄭寧寧

編輯█彭文怡

校對█連玉瑩

企劃統籌█李橘

總編輯█莫少閒

出版者█朱雀文化事業有限公司

地址█台北市基隆路二段13-1號3樓

電話█(02)2345-3868

傳真█(02)2345-3828

劃撥帳號█19234566 朱雀文化事業有限公司

e-mail█redbook@ms26.hinet.net

網址█http://redbook.com.tw

總經銷█大和書報圖書股份有限公司 (02)8990-2588

ISBN█978-986-6780-87-5

初版十七刷█2016.02

定價█360元

出版登記█北市業字第1403號

國家圖書館出版品預行編目資料

0～6嬰幼兒營養副食品和主食
—130道食譜和150個育兒手札、貼心叮嚀
王安琪 著.—初版—台北市：
朱雀文化，2011〔民100〕
面； 公分，--（Cook50；113）
ISBN 978-986-6780-87-5（平裝）
1. 嬰兒食譜 2. 食譜 3. 營養
428.3

出版登記北市業字第1403號
全書圖文未經同意·不得轉載和翻印

★感謝模特兒Kiki、Lala，以及人物
攝影林凱倫協助製作本書！

About買書：